职业教育**烹饪专业**教材

烹饪工艺

主　编　赵品洁　杨　俊　韦昔奇

副主编　寇恩华　李　波　张　宇　陈　刚
　　　　刘宗汉　甘雨林

参　编　苏　立　刘向阳　张伟强　朱玉龙

U0190657

重庆大学出版社

内容提要

烹饪工艺是职业教育烹饪专业的一门主要专业课程。本书根据烹饪工艺的基本教学要求、职业教育最新教学要求，采用项目驱动任务的模式进行编写，主要涵盖刀工与原料成形，烹饪原料初加工，分档取料与整料出骨，火候与油温，原料的初步熟处理，上浆、挂糊、勾芡、拍粉、制汤，调味工艺，烹调方法，配菜等内容。

本书可作为职业教育烹饪专业教材，也可作为餐饮企业员工的培训教材。

图书在版编目（CIP）数据

烹饪工艺 / 赵品洁，杨俊，韦昔奇主编. —— 重庆：
重庆大学出版社，2021.9
职业教育烹饪专业教材
ISBN 978-7-5689-2720-8

Ⅰ．①烹⋯ Ⅱ．①赵⋯ ②杨⋯ ③韦⋯ Ⅲ．①烹饪—
方法—中等专业学校—教材 Ⅳ．①TS972.11

中国版本图书馆CIP数据核字（2021）第094463号

职业教育烹饪专业教材
烹饪工艺
主　编　赵品洁　杨　俊　韦昔奇
副主编　寇恩华　李　波　张　宇　陈　刚
　　　　刘宗汉　甘雨林
参　编　苏　立　刘向阳　张伟强　朱玉龙
　　　　策划编辑：沈　静
责任编辑：杨育彪　　　版式设计：沈　静
责任校对：刘志刚　　　责任印制：张　策
*
重庆大学出版社出版发行
出版人：饶帮华
社址：重庆市沙坪坝区大学城西路21号
邮编：401331
电话：（023）88617190　88617185（中小学）
传真：（023）88617186　88617166
网址：http://www.cqup.com.cn
邮箱：fxk@cqup.com.cn（营销中心）
全国新华书店经销
重庆巍承印务有限公司印刷
*
开本：787mm×1092mm　1/16　印张：10.5　字数：278千
2021年9月第1版　　2021年9月第1次印刷
印数：1—3 000
ISBN 978-7-5689-2720-8　定价：49.00元

Preface 前　言

　　烹饪工艺是职业教育烹饪专业的一门主要的专业课程。烹饪工艺也是一门既有技术性又有理论性，既有科学性又有艺术性，既有专门性又有综合性的实践性很强的应用型学科。

　　本书主要涵盖刀工与原料成形，烹饪原料初加工，分档取料与整料出骨，火候与油温，原料的初步熟处理，上浆、挂糊、勾芡、拍粉，制汤，调味工艺，烹调方法，配菜等内容。因为从菜肴制作的总体来讲，烹饪工艺技术的好坏会直接影响餐饮企业的经营成本，对个体菜肴的色、香、味、形也起到了决定性的作用。所以，本书将整个烹饪工艺环节中的理论知识与规范操作要领进行了系统的归纳，为烹饪专业的学生和从事烹饪专业教学的老师提供了一本详细的、图文并茂的教材。本书根据职业教育最新教学要求，采用项目驱动任务的模式进行编写，理论阐述力求准确、科学，内容讲解力求丰富、完整。

　　本书由中国烹饪大师、川菜烹饪大师、四川省商务学校烹饪教研组长赵品洁，川菜烹饪名师、四川省商务学校烹饪教师杨俊，注册中国烹饪大师、川菜烹饪名师、成都农业科技职业学院烹饪教研室主任韦昔奇担任主编，寇恩华、李波、张宇、陈刚、刘宗汉、甘雨林担任副主编，苏立、刘向阳、张伟强、朱玉龙担任参编。本书在编写过程中得到了四川省商务学校领导和烹饪专业全体教师的大力支持，在此表示衷心的感谢。中国烹饪文化博大精深，烹饪工艺是一门涉及面非常广的学科。由于编者水平有限，书中不足之处在所难免，恳请广大专业教师和烹饪同行不吝指教，提出宝贵意见和建议。

编　者
2021年3月

Contents 目 录

绪　论

>>>

　　烹饪是人类学会保存火种并用火熟食的文化创造。中国烹饪是中国人为自身的生存、发展所需的独具特色的文化创造。我国地大物博、物产丰富，运用在烹饪中的各种食材品种繁多、形态各异，而我国各地的物产、气候、民族及风俗习惯均有所不同，因此烹饪技术在其发展过程中就自然形成了若干各具特色的地方菜系，同时也形成了独特的烹饪原料加工技术。

　　中国烹饪之所以独具特色、享誉世界，除了得益于独特的烹调技艺外，还与其在原料加工过程中运用的加工技术科学、规范密切相关。在烹饪原料学中，用于制作菜肴的原料主要分为新鲜蔬菜类原料、家禽原料、家畜原料、水产品原料以及名目繁多的干货原料，这些原料由于自身的生长特点，绝大部分都不宜直接运用于烹调和食用，因此必须经过一系列初加工，才能成为符合烹饪要求的原料。

　　烹饪原料的初加工技术是烹饪技术的重要组成部分，在整个菜肴制作过程中占有极其重要的地位。总体来说，烹饪原料在进行初加工的过程中，应该遵循以下几个基本原则：

　　第一，符合卫生要求。首先，所有烹饪从业人员在从事烹饪原料加工的过程中，必须严格遵守《中华人民共和国食品卫生法》的各项规定，把为顾客提供卫生、安全的食品作为首要任务。在对各种原料进行初加工时，针对其不同特点，采取科学、合理的加工方法，最终达到符合烹调的卫生要求。

　　第二，保持营养成分。现代烹饪非常讲究菜品的营养构成，在对原料进行初加工的过程中，应采取正确、合理的方法，尽可能地使原料中的营养成分不受损失或少受损失。但有的烹饪原料除了含有营养成分以外，还含有一些不能食用甚至对人体有害的物质。因此，必须对其进行合理、科学的加工，以达到烹调的要求。此外，由于不同原料所含的营养素种类和数量各不相同，只有对其进行合理搭配，才能使菜肴中所含的营养成分充分满足人体对各种营养素的需求。

　　第三，便于食用，便于烹调。未经加工的烹饪原料，有的形状较大、有的带有老韧的外皮，通常不适宜直接用于烹调和食用，在菜肴的实际操作中，针对菜肴对成菜形状、成形规格、成品色泽等方面的要求，应采取相应的加工方法，从而达到菜肴成品的质量要求。如一些烹调方法烹制时间较短，就需要将整形原料运用各种不同的刀法对其进行适当合理的刀工处理，使其质地、大小、形状等方面都能够与菜肴的烹调方法相适应，从而在加热烹调时保持相同的成熟时间，满足菜肴的成菜特点。

　　第四，丰富菜肴品种，美化菜肴形态。中餐菜肴，成菜后讲究色、香、味、形，其中，菜肴色泽、形状的搭配，与烹制前的原料初加工密切相关，各种烹饪原料，在初加工过程中，厨师运用各种不同的刀法，通过精湛的刀工技术将其加工成丝、丁、片、块、条等造型，再通过配菜环节的巧妙配合，最终将品种繁多、形态各异的美味佳肴呈现在我们面前。

　　第五，物尽其用，降低成本。餐饮企业要生存、要发展，降低成本是永恒的主题，在烹饪原料的加工过程中，应该尽量做到根据菜肴的品质要求，选择与之适应的用料与加工方法，使各种烹饪原料的每个部位都得到合理的运用，这样，既提高了菜肴质量，也有效地降低了菜肴的制作成本。

烹饪原料的初加工环节是整个烹饪过程中不可或缺的重要组成部分，它作为一项基本的烹调技术，非常强调动手能力，需要烹饪从业人员具备吃苦耐劳的实干精神，从理论学习入手，结合实践操作，系统地进行学习。

随着中国经济的高速增长，人们的生活水平有了质的提升，对烹饪的需求有了更高的标准，中餐烹饪已进入了一个全新的阶段。一方面，要求烹饪从业人员具备工匠精神，潜心钻研，做好传统经典技艺的传承；另一方面，市场对新工艺、新原料、新创意的需求又急迫地促使所有烹饪工作者锐意进取、勇于创新。由此可见，继承、发展、创新是我们未来共同努力的目标。

项目 1

刀工与原料成形

[项目介绍]

　　刀工是指切菜的技术，根据烹饪与食用的需要，将各种原料加工成一定形状，使之成为组配菜肴的操作技术。操作者要具备扎实的刀工，并能够根据食材的特性和烹饪的需要合理使用各种刀法。刀工不仅决定原料的形状，而且对菜肴的色、香、味、形、卫生起着重要作用。本项目主要学习刀工的作用及要求、刀的选择及使用、菜墩的选择及使用、磨刀技术、各类刀法的操作要领及原料的成形规格等。

 # 刀工的作用及要求

[前置任务]

学员通过实地考察、查阅资料，充分了解各种中餐刀具的作用和要求（如切刀、片刀、砍刀等）。查阅相关资料，了解刀工在烹调中的作用和要求。

[任务介绍]

刀工，就是根据食用和烹调的要求，使用不同的刀具，运用不同的刀法，将原料切成各种不同形状的操作技术。刀工技术属于厨房内四大工种（墩子、配料、炉子、面点）的技能之一，是每个烹调师必须熟练掌握的基本功，能否运用各种刀法技巧使菜肴锦上添花，反映了一个烹调师的技术水平。通过本次操作，基本掌握正确的握刀手法及站姿。

[任务实施]

1）任务实施地点

烹饪实训室。

2）理实一体化任务实施时间分配

①注意事项（5分钟）。

②准备用具（5分钟）。

③教师理论讲解、示范（35分钟）。

④学生实训（15分钟）。

⑤评价（10分钟）。

⑥打扫卫生（10分钟）。

[任务资料单]

1）刀工的作用

（1）便于烹调

经过刀工处理成块、片、丝、条、丁、粒、末等规格的烹饪原料，其形态、大小、厚薄、长短应完全一致，在烹调时，才能在短时间内迅速而均匀地受热，达到烹调的要求。

（2）便于入味

如果整料或大块原料直接烹制，加入的调味品大多停留在原料表面，不易渗透到内部，会形成外浓内淡甚至无味的现象。如果将原料切成小料，或在较大的原料表面剞上刀纹，就可以使调味品渗入原料内部，烹制后的菜肴，内外口味一致，香醇可口。

（3）便于食用

整只或大块原料，若不经刀工处理，直接烹制食用，会给食用者带来诸多不便。如果能先将原料由大变小、由粗改细、由整切零，再按照制作菜肴的要求加工成各种形状，烹制成菜

肴，更容易取食和咀嚼，也有利于人体消化吸收。

（4）整齐美观

经过整齐均匀的刀工处理，原料成菜后格外协调美观，尤其是运用剞刀法处理的原料，加热后，原料卷曲，使菜肴层次更加丰富，令人赏心悦目，美不胜收。

2）刀工的要求

（1）姿势正确、精神集中

①运刀的正确姿势：两脚站稳，上身略向前倾，自然放松，身体与菜墩保持约10厘米距离，前胸稍挺，注意菜墩高度，不要弯腰弓背，两眼注视墩上两手操作的部位。正确的姿势不仅方便操作，而且能提高效率，减少疲劳。

②握刀讲究牢而不死，腕、肘、臂3个部位的力量配合协调，运用自如，不论运用何种刀法，都要做到下刀准，着力均匀。一般是右手握刀，左手中指顶住刀壁，手指和掌跟要始终固定在原料或墩子上，控制住原料平稳不动，以保证上下左右有规律运刀。

③操作时要精神集中，不能左顾右盼，心不在焉，避免刀起刀落发生意外，也不应边操作边说笑，污染原料。

（2）密切配合烹调要求

根据不同的烹调方法采取相应的刀工处理。例如，用于爆、炒的原料，因为旺火短时加热，就应切小一点、薄一点；用于煨、炖的原料，加热时间长，就宜切较大、较厚一点。有的菜肴特别讲究造型美观，因此就要在原料上运用相应的花刀。

（3）根据原料特性下刀

加工各种原料，首先应根据原料特性来选择刀法，例如，川菜中有"横切牛肉竖切鸡"的说法。牛肉质老筋多，必须横着纤维纹路下刀，才能把筋切断，烹调后才比较嫩，否则顺着纤维纹路切，筋保留着原样，烧熟后又老又硬，不容易嚼烂。猪肉的肉质比较细嫩，肉中筋少，斜着纤维纹路切，才能既不易断又不老，否则横切易断易碎，顺切又易变老。鸡肉最细嫩，肉中几乎没有筋，必须顺着纤维纹路竖切，才能切出整齐划一、又细又长的鸡丝，如果横切、斜切，都很容易断裂散碎，不能成丝。还有鱼肉，不但质细，而且水分大，切时不仅要顺着纤维纹路切，还要切得比猪肉丝和鸡肉丝略粗一些，才能不断不碎。

（4）整齐均匀、符合规格

原料在进行刀工处理时，根据规格要求，做到整齐、大小一致，在烹调时，受热均匀，成熟度才一致。

（5）清爽利落，互不粘连

加工过的原料，必须清爽利落，该断的必须断，丝与丝、条与条、片与片之间必须截然分开，不可藕断丝连。该连的则必须连（如锲腰花）。这不仅是为了使菜肴的外形美，而且是为了烹调时火候与时间均匀一致，确保菜肴的口味与质量。

（6）合理使用原料，做到物尽其用

刀工处理原料时，要根据手中的材料合理使用，分档原料要做到胸中有数，尽可能使各个部位都能得到合理、充分的利用。

[技能考核标准]

序号	考核细分项目	标准分数/分
1	站立姿势	40
2	握刀姿势	30
3	切配方法	30
	合计	100

[任务考核标准]

项目	前置任务	技能	通用能力	小组互评	教师总评
分值	10	70	5	5	10

任务2 刀的选择及使用

[前置任务]

①实地考察、查阅资料，充分了解各种刀具的品牌、售价、用途。

刀具种类	品牌	售价	用途
片刀			
切刀			
切片刀			
砍刀			
前切后砍刀			

②查阅相关资料，了解后厨常用刀具的各种保养知识。

[任务介绍]

刀具是对原料进行加工的必备用具。刀具的优劣，以及使用是否得当，都将直接影响菜肴的质量。首先要了解片刀、切刀、切片刀、砍刀、前切后砍刀及专用刀具等的特性，然后才能正确选择合适的刀具进行烹饪原料的处理加工，达到学以致用的目的。

①通过本次任务驱动，基本了解刀的种类。

②掌握各类刀具的特性及用途。

③熟练掌握刀具的选择和保养。

[任务实施]

1）任务实施地点

烹饪实训室。

2）理实一体化任务实施时间分配

①原料制备（5分钟）。

②教师讲解、示范（20分钟）。

③学生实训（30分钟）。

④评价（15分钟）。

⑤打扫卫生（10分钟）。

[任务资料单]

1）刀的认识

片刀。

　　片刀的刀身较窄、刀刃较长、体薄而轻、刀口锋利，使用灵活方便，主要用于切肉片，亦可切肉丝、肉丁、肉条、肉块或水果等。

　　准备工具：墩子1个，片刀1把，码碗1个，条盘1个，毛巾1张，清水等适量。

　　用料（以重量估算）：白萝卜150克，胡萝卜150克，大头菜150克。

注意事项：

①正确的握刀方法。

②选择质地紧实、新鲜的原料。

③正确使用片刀加工原料的方法。

④刀工操作时，要仔细谨慎，爱护刀刃，注意安全。

⑤刀用完后须将刀用热水洗净晾干或涂少许油，然后正确放入刀箱。

2）其他刀的认识

（1）切刀

切刀比片刀略宽、略重，长短适中，刀口锋利，结实耐用。用途广泛，最宜用于切块、片、条、丝、丁、粒等。

（2）砍刀

砍刀又叫骨刀或斩刀，刀背、刀身都较厚，专门用于砍带骨及质地坚硬的原料。

（3）前切后砍刀

前切后砍刀综合了切刀和砍刀的用途，大小与切刀基本一致。不同的是，刀跟部位比切刀厚，既能切又能砍。前切后砍刀是目前运用最为广泛的一种刀具。

（4）其他

除了上述刀外，还有其他一些较小的轻而灵便的刀具。

削皮刀	主要用于削瓜果蔬菜的表皮
剪骨刀	主要用于剪一些小的骨头或其他的小料
镊子刀	主要用于夹镊鸡、鸭等身上的杂毛
剔骨刀	主要用于肉类原料的出骨

  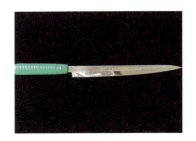

3）刀具的保养与维护

（1）了解刀的形状和功能特点

根据刀的形状和功能特点，运用正确的磨刀方法，保持刀的锋利和光亮，保证刀刃有一定的弧形。

（2）刀工操作时，要仔细谨慎、爱护刀刃

片刀不宜斩砍，切刀不宜砍大骨，运刀时以断开原料为度，合理使用刀刃部位。落刀若遇到阻力，不应强行操作，应及时清除障碍物。不得硬片或硬切，防止伤到手指或损坏刀刃。

（3）刀用完后清理的注意事项

刀在切咸味、酸味、带有黏性和腥味的原料之后，如泡菜、咸菜、番茄、藕、鱼等，黏附在刀面上的无机酸、碱、盐、鞣酸等物质容易使刀变黑或锈蚀，失去光度和锋利度，并污染所切的原料。因此，刀用完后，必须将刀用热水洗净，然后用洁净的布擦净晾干或涂少许油，以防氧化生锈。刀用完后，要挂在刀架上，不要随手乱丢，避免碰损刃口。严禁将刀砍在菜墩上。

[技能考核标准]

序号	考核细分项目	标准分数/分
1	刀具的正确辨别	40
2	刀具的正确使用方法	40
3	刀具的保养与维护	20
合计		100

[任务考核标准]

项目	前置任务	技能	通用能力	小组互评	教师总评
分值	10	70	5	5	10

 **菜墩的选择及使用**

[前置任务]

①实地考察、查阅资料，充分了解各种菜墩的用途、售价和优缺点。

菜墩种类	用途	售价	优缺点
木质菜墩			
竹质菜墩			
塑料菜墩			

②查阅相关资料，了解后厨常用菜墩的各种保养知识。

[任务介绍]

　　菜墩是刀具对烹饪原料加工时的衬垫工具，它对刀工的施展起重要的辅助作用。正确选择、使用和养护菜墩是每个刀具操作者必须掌握的。木质菜墩一般选择皂荚树、柳树、椴树、银杏树、榆树、橄榄树等作为材料，因为这些树的木质坚实，弹性好，耐用且不易损坏刀刃。制墩要注意使墩面平整，无凹凸，无缝隙。

　　①通过本次任务驱动，基本了解菜墩的种类。

　　②掌握菜墩的特性及用途。

　　③熟练掌握菜墩的选择和保养。

[任务实施]

　　1）任务实施地点

　　烹饪实训室。

　　2）理实一体化任务实施时间分配

　　①墩子准备（5分钟）。

　　②教师讲解（30分钟）。

　　③学生认识（5分钟）。

[任务资料单]

　　1）菜墩的认识

　　准备工具：木质菜墩1个，竹质菜墩1个，塑料菜墩1个。

注意事项：

菜墩用后竖立摆放，保持菜墩干净、干燥，防止墩面腐蚀发霉。

2）菜墩的使用

使用菜墩时，应在墩的整个平面均匀使用，保持菜墩磨损均衡，防止菜墩凹凸不平，影响刀工的施展。菜墩面也不可留有油污，如留有油污，在加工原料时容易滑动，既不好操作，又易伤人，还影响卫生。

3）菜墩的保养

菜墩需要修正刨平，浸在盐水中（或用盐涂在表面上，再淋水，也可将油烧热浇淋在墩面上），使木质收缩，以防菜墩干裂变形。每次使用完毕，菜墩要用清水洗净，或用碱水刷洗，刮净油污保持清洁。用后要竖放，通风，防止墩面腐蚀。用一段时间以后发现有凹凸不平时，要及时修正刨平，保持墩面平整。

[技能考核标准]

序号	考核细分项目	标准分数/分
1	菜墩的认识与选择	40
2	菜墩的使用	30
3	菜墩的保养	30
合计		100

[任务考核标准]

项目	前置任务	技能	通用能力	小组互评	教师总评
分值	30	50	5	5	10

磨刀技术

[前置任务]

实地考察、查阅资料，充分了解磨刀石的种类、质地、售价和用途。

磨刀石种类	质地	售价	用途
粗磨刀石			
细磨刀石			
油石			
青石			

[任务介绍]

为了提高运刀效率和成形质量，须使用刀口锋利的刀具。"工欲善其事，必先利其器"，"磨刀不误砍柴工"，都表明了磨刀的重要性。只有保持刀口锋利、不锈、无缺口、不变形且与墩子吻合良好，才不会影响运刀效果。

①通过本次任务驱动，基本了解磨刀石的种类。
②掌握磨刀石的特性及用途。
③熟练掌握磨刀石的选择和保养。

[任务实施]

1）任务实施地点
烹饪实训室。
2）理实一体化任务实施时间分配
①磨刀石准备（5分钟）。
②教师讲解、示范（25分钟）。
③学生实训（40分钟）。
④评价（5分钟）。
⑤打扫卫生（5分钟）。

[任务资料单]

1）磨刀石的认识
磨刀的工具主要是磨刀石。根据材质和大小的不同，常见的磨刀石有粗磨刀石、细磨刀石、油石和青石4种，除此之外，还有砂轮、磨刀棒等。
（1）粗磨刀石
粗磨刀石有天然和人工合成两种，是指砂粒粗糙的磨石，形状和重量各异，主要用来磨制没有开刃的新刀，以及刀刃较厚的砍刀。

（2）细磨刀石

细磨刀石有天然和人工合成两种，质地坚实而细，不易损伤锋口，容易磨出刀刃，使刀刃锋利，一般用于磨制刀刃较薄的切刀、片刀、水果刀等。

（3）油石

油石是用特制的水泥及材质坚硬的砂子经人工合成的磨刀石，形状和重量各异，一般分为粗、细两面，由于该磨刀石小巧美观，携带和使用方便，因此备受人们的喜爱。由于这种磨刀石是人工制作而成的，砂粒粗细不均匀，因此长时间使用容易使刀出现缺口、断口、卷口，这样会直接影响刀的使用寿命。

（4）青石

青石属于纯天然的经人工凿、磨而成的磨刀石，一般是长方形的，重量不等，主要是磨开过口的、刀刃较薄的切刀、片刀、雕刻刀等，由于这种磨刀石是纯天然的材质，石料光滑细腻，所以磨好的刀刃非常锋利，经久耐用。

（5）砂轮

砂轮是人工合成的磨具，材质、重量、形状各异，可以直接使用，但大部分都装在电机上，也称为电动磨刀石，主要用于硬质的合金刀具。此外，电动磨刀石转动得太快，如果在磨制过程中刀刃的角度稍有偏差，就会出现卷口、断口，因此烹饪刀具磨制得较少。

（6）磨刀棒

磨刀棒是人工合成的磨刀器具，不适合磨制刀具，只适合在屠宰、切割、分档原料时，所用的尖刀或其他刀具不锋利的时候，用来蹭刀，使刀刃很快变得锋利。

2）磨刀的姿势

磨刀时要求两脚自然分开或一前一后站稳，胸部略向前倾，收腹，重心前移，一手持刀柄，一手按住刀身，目视刀身。

3）磨刀的方法

首先将磨面固定好，高度以本人身高的一半，操作方便，运用自如为准。磨刀时要把刀身上的油污洗净，以免脱刀伤手。右手握住刀背前端直角部位，左手握住刀柄前端，两手持稳刀，将刀身端平，刀口锋面朝外，刀背向里，刀与磨刀石磨面的夹角为3°～5°。

　　磨刀须按一定的程式进行，向前平推至磨面尽头，然后向后提拉，始终保持刀与磨面的夹角为3°～5°，切不可忽高忽低。向前平推是磨刀膛，向后提拉是磨刀口锋面。不管是前推还是后拉，用力都要平稳，均匀一致。当磨面起沙浆时，需及时淋水后再磨。磨刀时重点放在磨刀口锋面部位，刀口锋面的前、中、后端部位都要磨到。刀身两面磨的次数要基本相等，这样才能保证磨完后刀口锋利，锋面平直，符合要求。需注意的是，刀不能干磨或在砂轮上打磨，以免影响刀的钢火。

　　4）刀锋的检验

　　检验刀磨得是否合格，一种方法是将刀刃朝上，两眼直视刀刃，如果刀刃上看不见白色的光泽，就表明刀已磨锋利了。如果有白色的光泽，则表明刀有不锋利之处。另一种方法是用大拇指在刀刃上轻轻拉一拉，如有涩感，表明刀刃锋利，反之，则表明刀刃还不锋利，仍需继续磨。

[技能考核标准]

序号	考核细分项目	标准分数/分
1	磨刀石的选择	30
2	磨刀的姿势	30
3	磨刀的方法	40
	合计	100

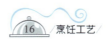

[任务考核标准]

项目	前置任务	技能	通用能力	小组互评	教师总评
分值	30	50	5	5	10

 **任务5** **直刀法**

[前置任务]

①查阅资料，充分了解直刀法的种类、运刀方向、运刀方式和具体分类。

直刀法种类	运刀方向	运刀方式	具体分类
切			
斩			
砍			
剁			

②查阅相关资料，了解直刀法的相关知识，以及不同直刀法适用于哪些烹饪原料的处理。

[任务介绍]

直刀法是刀刃朝下，刀与原料和菜墩平面垂直的一类刀法，按用力的大小和手、腕、臂膀运动的方式，又可分为切、斩、砍、剁等几种刀法。

①通过本次学习，基本掌握直刀法的操作方法、应用范围和技术要领。

②掌握直刀法的种类，能根据实际需要运用不同直刀法处理烹饪原料。

[任务实施]

1）任务实施地点

烹饪实训室。

2）理实一体化任务实施时间分配

①原料制备（5分钟）。

②教师讲解、示范（10分钟）。

③学生实训（40分钟）。

④评价（15分钟）。

⑤打扫卫生（10分钟）。

[任务资料单]

1）切

切是指在保证刀面与菜墩成直角的前提下，由上而下用刀的一种刀法。切时主要运用手腕的力量，并施以小臂的辅助。切适用于蔬菜、瓜果和已经出骨的畜肉、禽肉类原料。根据运刀方向的不同，切又分为直切、推切、拉刀切、锯切、滚料切、铡切、翻刀切等。

（1）直切

①操作方法。刀与原料、菜墩垂直，刀身始终平行于原料切面，由上而下均匀直切下去。这种刀法很有节奏，因此又被称为跳刀。

②应用范围。切莴笋、黄瓜、萝卜、菜头、莲藕等脆性的植物性原料。

③技术要领。

A. 右手正确地握稳刀具，刀身紧贴左手中指指背，运用腕力，稍带动小臂用刀刃的前半部分一刀一刀地跳动直切。

B. 左手自然成弓形弯曲，轻轻按稳堆码好的原料，并按所需原料的规格均匀呈蟹爬姿势不断向后移动，务必保证匀速移动。右手随着左手移动，以原料规格的标准取间隔距离，确保所切原料间距一致。刀口始终与菜墩垂直，不能偏内斜外，以保证断料整齐、美观。

（2）推切

①操作方法。刀与原料、菜墩垂直，由上而下向外切料。

②应用范围。切豆腐干、大头菜、肝、腰、肉丝、肉片、猪肚等细嫩易碎或有韧性又较薄较小的原料。

③技术要领。

A. 操作时，左手自然弯曲按稳原料，右手持刀，运用小臂和手腕力量，从刀刃前部推至刀刃后部时刀刃与菜墩吻合，一刀到底，一刀断料。

B. 推切时，根据原料的性质用刀。对质嫩的原料，如肝、腰等，下刀宜轻；对韧性较强的原料，如大头菜、腌肉、猪肚等，运刀的速度宜缓。

 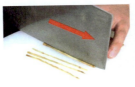  

（3）拉刀切

①操作方法。刀与菜墩垂直，刀的着力点在刀刃前端，运刀方向由前而下向内拖拉，故又称拖刀法。

②应用范围。切去骨的韧性原料，如鸡、鸭、鱼等动物性原料。

③技术要领。

A. 左手指自然弯曲按稳原料，右手持刀，刀身紧贴左手中指，运用手腕力量，由原料的前上方向下方拉切，一刀到底，将原料断开。

B. 拉切在运刀时，刀刃前端略低，后端略高，着力点在刀刃前端，用刀刃轻快地向前推切一下，顺势将刀刃向后一拉到底，即所谓的"虚推实拉"。

（4）锯切

①操作方法。刀与原料、菜墩垂直，先向前推切，再向后拉切，一推一拉像拉锯一样切断原料。

②应用范围。切体积较厚、质地坚韧或松散易碎的原料，如熟火腿、涮羊肉片、面包、卤牛肉等。

③技术要领。

A. 左手指自然弯曲按稳原料，右手持刀，运用手腕力量和臂力，刀身紧贴左手中指，先推切后拉切，直至原料断开。

B. 下刀要垂直，不能偏里向外，保证原料成形大小、厚薄一致。

C. 锯切时，要把原料按稳，如果原料移动，运刀就会失去依托，影响原料成形。

D. 对易碎的原料，应适当增加切的厚度，以保证原料成形完整。

（5）滚料切

①操作方法。刀与菜墩垂直，左手持原料不断向身体一侧滚动，原料每滚动一次，刀做一次直切，一般原料成形后为三面体的块状。滚料切又称滚刀切。

②应用范围。切质地嫩脆，体积较小的椭圆形、圆锥形或圆柱形等的植物原料，如胡萝卜、土豆、莴笋、竹笋等。

③技术要领。

A. 左手指自然弯曲控制原料的滚动，根据原料成形规格确定滚动角度。角度越大，原料成形就越大；反之则越小。

B. 右手持刀，刀口与原料成一定角度。角度越小，原料成形越短阔；角度越大，原料成形越狭长。

 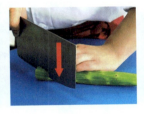  

（6）铡切

①操作方法。刀与原料和菜墩垂直，刀刃的中端或前端部位放在原料上面，两手同时用力或单手用力切下原料。具体操作方法有以下3种。

A. 交替铡切。右手握住刀柄，左手按住刀背前端，运刀时刀口压住原料，刀跟着墩，刀尖则抬起；刀跟抬起，刀尖则着墩，刀尖刀跟一上一下反复运动，直至将原料切碎。

B. 平压铡切。持刀方法与交替铡切相同，只是刀刃在原料所切部位运刀时，用力平压使原料断开。

C. 击掌铡切。右手握住刀柄，将刀刃前端部位放在原料要切的位置上，然后左手掌用力猛击刀背，使刀铡切下去断料。

②应用范围。切体小、易滚动的原料，如生花椒、花生米、煮熟的鸡蛋等可采用交替铡切和平压铡切；切带壳或带有软骨的原料，如鸡头、蟹、烧鸡等可采用击掌铡切。

③技术要领。

A. 要压住需切的位置，不使原料移动。

B. 双手配合用力，用力均匀，恰到好处，以能断料为度。

C. 对于易滚动的原料，要保证刀的一端始终靠在墩子上面，使原料不易跳动，并随时将原料向中间靠拢，保证原料形状整齐；对于带壳或有软骨的原料，要压准被切部位，一刀断料，干净利索，保证刀口整齐光滑。

（7）翻刀切

①操作方法。以推切为基础，待刀刃断开原料的一瞬间，刀身顺势向外侧翻。此法便于切料形状整齐，所切原料按刀口顺次排列，原料成形后不沾刀身，干净利索。

②应用范围。切柔软易粘刀的原料，如肉丝、肉片、大头菜等。

③技术要领。

A. 运刀中在刀刃断料的一瞬间顺势翻刀，刀刃几乎不接触菜墩面。

B. 掌握好翻刀时机，翻刀过早原料不能完全断纤，翻刀过迟则刀口容易刮着菜墩，必须在刀刃断纤的一瞬间顺势翻刀。

2）斩

①操作方法。刀面与菜墩垂直，左手按稳原料，运用右手的腕力和臂力，对准被斩部位，用力运刀将原料断开。

②应用范围。加工带骨的动物性原料或质地坚硬的冰冻原料，如带骨的猪肉、牛肉、羊肉，冰冻的肉类及鱼类等。

③技术要领。

A. 斩以小臂用力，刀提高与前胸平齐。用力要求稳、狠、准，力求一刀断料，以免复刀使原料破碎。

B. 左手扶料应离原料稍远，如原料较小，落刀时手要迅速离开，以免受伤。

C. 为了避免损伤刀刃，一般用刀的跟部斩断原料。

3）砍

砍又称为劈，是在保证刀面与墩面垂直的前提下，运用臂力，持刀用猛力向下断开原料的直刀法。这种方法是直刀法中用力及幅度最大的一种，适用于大而坚硬的原料。砍分为直砍和跟刀砍。

（1）直砍

①操作方法。左手扶稳原料，右手持刀，对准原料被砍部位，运用臂膀之力，垂直向下断开原料。

②应用范围。加工体型较大或带骨的动物性原料，如排骨、整鸡、整鸭、大鱼头等。

③技术要领。

A. 将刀高举至头部位置，瞄准原料被砍部位，用臂膀之力一刀断料。要求下刀准，速度快，力量大，力求一刀断料，如需复刀则必须砍在同一刀口处。

B. 左手按稳原料，与落刀点保持一定距离，以免伤手。

（2）跟刀砍

①操作方法。左手扶住原料，右手对准原料被砍部位直砍一刀，使刀刃嵌进原料，然后左手持原料与刀同时起落，垂直向下断开原料。

②应用范围。砍质地坚硬、骨大形圆或一次不易砍断的原料，如猪头、大鱼头、蹄髈等。

③技术要领。

A. 刀刃一定要嵌进原料，不能松动脱落，以免砍空。

B. 左右手起落速度应保持一致，且刀在下落过程中应保持垂直。

4）剁

①操作方法。刀刃与菜墩和原料基本保持垂直运动，频率较快地将原料剁成泥蓉。一把刀操作称为单刀剁，但为了提高工作效率，通常左右手同时持刀操作，称为排剁。

②应用范围。加工无骨原料及姜、蒜等，如剁肉馅，剁姜米、蒜米等。

③技术要领。

A. 排剁时左右手配合要灵活自如，运用手腕的力量，提刀要有节奏。

B. 两刀之间要有一定距离，不能互相碰撞。

C. 剁之前最好将原料处理成片、条等小块，剁的过程中勤翻原料，使其更加均匀细腻。

D. 将刀在水里浸湿，可防止肉粒飞溅和粘刀。

E. 注意剁的力量，以断料为度，防止刀刃嵌进菜墩。

[技能考核标准]

序号	考核细分项目	标准分数/分
1	直刀法种类掌握	50
2	直刀法在实践中的运用	20
3	原料利用率	20
4	完成时间（60 分钟）	10
	合计	100

[任务考核标准]

项目	前置任务	技能	通用能力	小组互评	教师总评
分值	10	70	5	5	10

 任务6 平刀法

[前置任务]

查阅资料，充分了解平刀法的种类、运刀方向、运刀方式和适合处理的原料。

平刀法种类	运刀方向	运刀方式	适合处理的原料
拉刀片			
推刀片			
推拉刀片			
平刀片			
抖刀片			
滚料片			

[任务介绍]

平刀法是运刀刀面与菜墩面平行的一类刀法，其基本操作方法是用刀平着片切原料而不是垂直地切断原料。按运刀的不同手法，平刀法分为拉刀片、推刀片、推拉刀片、平刀片、抖刀

片和滚料片6种。

①通过本次学习，基本掌握平刀法的操作方法、应用范围和技术要领。

②掌握平刀法的种类，能根据实际需要运用不同平刀法处理烹饪原料。

[任务实施]

1）任务实施地点

烹饪实训室。

2）理实一体化任务实施时间分配

①原料制备（5分钟）。

②教师讲解、示范（10分钟）。

③学生实训（40分钟）。

④评价（15分钟）。

⑤打扫卫生（10分钟）。

[任务资料单]

1）拉刀片

（1）操作方法

将原料平放在菜墩上，左手掌或手指按稳原料，右手放平刀身，用刀身中部片入原料后向身体一侧拖拉运刀断料。

（2）应用范围

拉刀片适用于加工体小、嫩脆的动植物原料，如萝卜、蘑菇、莴笋、猪腰、里脊肉、鱼肉、鸡脯肉等。

（3）技术要领

①操作时持刀要稳，刀身始终与原料平行，保证原料成形厚薄均匀。

②左手食指与中指应分开一些，以便观察原料的厚薄是否符合要求。手指稍向上翘起，以免受伤。

2）推刀片

（1）操作方法

将原料平放于菜墩上，左手掌或手指按稳原料，刀身与墩面平行，刀刃前端从原料的右下角平行进刀向左前方推进，直至片断原料。

（2）应用范围

推刀片适用于加工榨菜、土豆、冬笋等脆性原料。

（3）技术要领

①操作时，持刀要稳，刀身始终与原料平行，推刀要果断，一刀断料。

②左手食指与中指应分开一些，以便观察原料的厚薄是否符合要求。手指稍向上翘起，以免受伤。

③左手手指平按在原料上，固定原料，但不能影响推片时刀的运行。

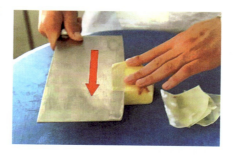

3）推拉刀片

（1）操作方法

推拉刀片是将推刀片与拉刀片相结合，来回推拉的平刀法。左手按住原料，右手持刀将刀刃片进原料，一前一后片断原料。整个过程如拉锯一般，故又称锯片。另外，起片还有上片和下片之分，上片从原料上端开始，厚薄容易掌握。下片从原料下端开始，成形平整。

（2）应用范围

推拉刀片适用于加工体大、无骨、韧性强的原料，如火腿、猪肉等。

（3）技术要领

①上片时，左手指压稳原料，食指与中指自然分开以便观察片的厚薄；下片用左手掌按稳原料，观察刀面与菜墩的距离，掌握片的厚薄。

②刀的运行始终与菜墩平行，保证起片均匀。

4）平刀片

（1）操作方法

刀身与墩面平行，刀刃中端从原料的右端一刀平片至左端断料。

（2）应用范围

平刀片适用于加工无骨的软性细嫩的原料，如豆腐、鸡鸭血、凉粉等。

（3）技术要领

①刀身保持与菜墩平行，右手进刀要稳，左手要扶稳原料，保证起片均匀。

②进刀力度要恰当，进刀后不能前后移动，防止原料碎烂。

5) 抖刀片

（1）操作方法

将原料平放在菜墩上，刀刃从原料右侧片进，刀身抖动呈波浪式地片断原料。

（2）应用范围

抖刀片适用于加工质地软嫩的原料，如蛋白糕、肉糕、豆腐干、皮蛋等。

（3）技术要领

①刀刃片进原料后，波浪幅度要一致，抖动的刀距要一致，保证成形美观。

②左手起辅助作用，不能用力过大，以免原料变形。

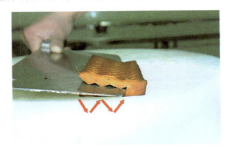

6) 滚料片

（1）操作方法

将圆柱状原料平放于菜墩上，左手按住原料表面，右手放平刀身，刀刃从原料右侧底部片进做平行移动，左手扶住原料向左滚动，边片边滚，直至片成薄的长条片。

（2）应用范围

滚料片适用于圆形、圆柱形原料的去皮或加工成长方片，如黄瓜、萝卜、莴笋、茄子等。

（3）技术要领

①两手配合要协调。右手握刀推进的速度与左手滚动原料的速度应一致，否则就会中途片断原料甚至伤及手指。

②随时注意刀身与菜墩的距离，保证成形厚薄一致。

[技能考核标准]

序号	考核细分项目	标准分数/分
1	平刀法种类掌握	50
2	平刀法在实践中的运用	20
3	原料利用率	20
4	完成时间（60分钟）	10
	合计	100

[任务考核标准]

项目	前置任务	技能	通用能力	小组互评	教师总评
分值	10	70	5	5	10

任务7 斜刀法

[前置任务]

查阅资料，充分了解斜刀法的种类、运刀方向、运刀方式和适合处理的原料。

斜刀法种类	运刀方向	运刀方式	适合处理的原料
斜刀片			
反斜刀片			

[任务介绍]

斜刀法是指运刀时刀身与原料和菜墩成锐角的一类刀法。按运刀的不同手法，斜刀法又分为斜刀片和反斜刀片两种。

①通过本次学习，基本掌握斜刀法的操作方法、应用范围和技术要领。

②掌握斜刀法的种类，并能根据实际需要运用不同斜刀法处理烹饪原料。

[任务实施]

1）任务实施地点

烹饪实训室。

2）理实一体化任务实施时间分配

①原料制备（5分钟）。

②教师讲解、示范（10分钟）。

③学生实训（40分钟）。

④评价（15分钟）。

⑤打扫卫生（10分钟）。

[任务资料单]

1）斜刀片

（1）操作方法

左手按住原料左端，刀刃向左，刀身与原料和菜墩成锐角，进刀后向左下方拉动，一刀断料。

（2）应用范围

斜刀片适用于加工质软、性韧、体薄的原料，如鱼肉、猪腰、鸡脯肉等。

（3）技术要领

①两手协调配合，保持一样的倾斜度和刀距，保证起片的大小、厚薄均匀。

②刀身倾斜度应根据原料成形规格而定。

2）反斜刀片

（1）操作方法

刀刃向外，刀身紧贴左手四指，与原料、菜墩成锐角，运刀方向由左后方向右前方推进，使原料断开成片。

（2）应用范围

反斜刀片适用于加工体较薄而韧性强的原料，如熟猪肚、猪耳朵、鱿鱼、玉兰片等。

（3）技术要领

①左手按稳原料，并以左手的中指抵住刀身，使刀身紧贴左手指背片进原料。左手向后等距离地移动，使片下的原料大小、厚薄均匀。

②根据原料规格决定刀的倾斜度。

③刀不宜提得过高，以免伤手。

[技能考核标准]

序号	考核细分项目	标准分数/分
1	斜刀法种类掌握	50
2	斜刀法在实践中的运用	20
3	原料利用率	20
4	完成时间（60分钟）	10
	合计	100

[任务考核标准]

项目	前置任务	技能	通用能力	小组互评	教师总评
分值	10	70	5	5	10

 **剞刀法**

[前置任务]

查阅资料，充分了解剞刀法的种类、运刀方向、运刀方式和适合处理的原料。

剞刀法的种类	运刀方向	运刀方式	适合处理的原料
直刀剞			
斜刀剞			
反刀斜剞			

[任务介绍]

剞刀法是指在原料的表面切或片一些不同花纹而又不断料的运刀方法。经剞刀处理的原料加热后会形成各种美观的形状，因此剞刀又称花刀。剞刀法技术性强，要求较高。根据运刀方向和角度的不同，剞刀法可分为直刀剞、斜刀剞、反刀斜剞。

①通过本次学习，基本掌握剞刀法的操作方法、应用范围和技术要领。

②掌握剞刀法的种类，并能根据实际需要运用不同剞刀法处理烹饪原料。

[任务实施]

1）任务实施地点

烹饪实训室。

2）理实一体化任务实施时间分配

①原料制备（5分钟）。

②教师讲解、示范（10分钟）。

③学生实训（40分钟）。

④评价（15分钟）。

⑤打扫卫生（10分钟）。

[任务资料单]

1）直刀剞

（1）操作方法

直刀剞与直刀切相似，刀面与菜墩垂直，刀口对准原料要剞的部位，一刀一刀直切或推切，但不断料，直至将原料剞完。

（2）应用范围

直刀剞适用于加工脆性的植物性原料和有一定韧性的动物性原料，如黄瓜、猪腰、鸡鸭胗肝、墨鱼等。

（3）技术要领

①剞刀的深度应根据原料的性质而定，一般为原料的1/2～3/4深。

②运刀的角度和刀距要均匀，花形才美观。

2）斜刀剞

（1）操作方法

左手按住原料左端，刀刃向左，刀身与原料和菜墩成锐角，进刀后向左下方拉动，剞至原料3/4深处收刀，反复操作而不将原料切断。

（2）应用范围

斜刀剞适用于加工有一定韧性的原料，如鱿鱼、净鱼肉等，也可结合其他刀法加工出松鼠形、葡萄形等。

（3）技术要领

注意用刀倾斜度、刀的深浅度（一般为原料的1/2～3/4深）及刀距的均匀度。

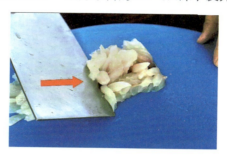

3）反刀斜剞

（1）操作方法

刀刃向外，刀身紧贴左手四指，与原料、菜墩成锐角，运刀方向由右前方向左后方推进，剞至原料3/4深处收刀，反复操作而不将原料切断。

（2）应用范围

反刀斜剞适用于加工各种韧性原料，如鱿鱼、猪腰、鱼肉等，也可结合其他刀法加工出麦穗形、眉毛形等。

（3）技术要领

注意用刀倾斜度、刀的深浅度（一般为原料的1/2～3/4深）及刀距的均匀度。

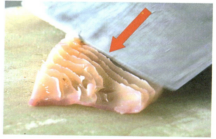

[技能考核标准]

序号	考核细分项目	标准分数/分
1	剞刀法种类掌握	50
2	剞刀法在实践中的运用	20
3	原料利用率	20
4	完成时间（60分钟）	10
	合计	100

[任务考核标准]

项目	前置任务	技能	通用能力	小组互评	教师总评
分值	10	70	5	5	10

任务9 其他刀法

[前置任务]

查阅资料，了解除直刀法、平刀法、斜刀法、剞刀法以外的其他刀法的种类、运刀方向、运刀方式和适合处理的原料。

其他刀法种类	运刀方向	运刀方式	适合处理的原料
刮			
削			
捶			
拍			
戳			
旋			
剁			
剔			
揿			
起			

[任务介绍]

在直刀法、平刀法、斜刀法、剞刀法之外，往往还需要一些特殊的原料加工刀法，常用的有刮、削、捶、拍、戳、旋、剁、剔、揿、起等。

①通过本次学习，基本掌握除直刀法、平刀法、斜刀法、剞刀法以外的其他刀法以及它们的操作方法、应用范围和技术要领。

②掌握除直刀法、平刀法、斜刀法、剞刀法以外的其他刀法的相关知识，以及这些刀法适用于哪些烹饪原料处理。

[任务实施]

1）任务实施地点

烹饪实训室。

2）理实一体化任务实施时间分配

①原料制备（5分钟）。

②教师讲解、示范（10分钟）。

③学生实训（40分钟）。

④评价（15分钟）。

⑤打扫卫生（10分钟）。

[任务资料单]

1）刮

刮是用刀将原料表皮或污垢去掉的加工方法。

（1）操作方法

操作时，将原料平放在墩子上，从左往右去掉不要的东西。

（2）应用范围

刮适用于刮鱼鳞、刮肚子、刮丝瓜皮等。

（3）技术要领

刀刃接触原料，掌握好刮的力度。

2）削

削是用刀平着去掉原料表面一层皮或加工成一定形状的加工方法。

（1）操作方法

左手拿原料，右手持刀，刀刃向外，削去原料的外皮。

（2）应用范围

削用于去原料外皮，如削莴笋皮、冬瓜皮，将胡萝卜削成橄榄形等。

（3）技术要领

掌握好去皮的厚薄，不浪费原料。

3）捶

捶是指用刀背将原料加工成蓉状的刀法。

（1）操作方法

捶蓉时，刀身与菜墩垂直，刀背向下，上下捶打原料至其呈蓉状。

（2）应用范围

捶适用于将肉质细嫩的原料制成蓉，如鱼类、鸡脯等。

（3）技术要领

用力均匀，勤翻原料，使其更加细腻。

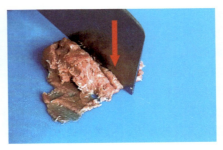

4）拍

（1）操作方法

用刀身拍破或拍松原料的方法。

（2）应用范围

拍破原料，可以使其容易出味，如姜、葱等，以便烹调时容易入味；也能使韧性原料肉质疏松，如猪排、牛排等。

（3）技术要领

根据烹调要求及原料性质，用适当的力量将原料拍松或拍碎。

5）戳

（1）操作方法

用刀跟不断戳剌原料，且不致断的刀法。戳后使原料松弛、平整，易于成熟和入味，成菜质感松嫩。

（2）应用范围

戳适用于加工鸡腿、肉类等原料。

（3）技术要领

根据原料特性合理掌握戳剌程度，以使原料质地松嫩为度。

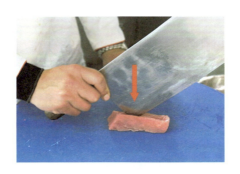

6）旋

（1）操作方法

左手拿原料，右手持稳专用旋刀，两手配合采用旋转的方法去掉外皮。

（2）应用范围

旋用于去掉原料的外皮，如苹果、梨等。

（3）技术要领

随时注意去皮的厚度，以免浪费原料。

7）剜

（1）操作方法

用刀将原料挖空的加工方法。

（2）应用范围

剜适用于将苹果、梨等原料挖空，便于填充馅料。

（3）技术要领

剜时注意原料四周厚薄均匀，以免穿孔漏馅。

8）剔
（1）操作方法
分解带骨原料，除骨取肉的刀法。
（2）应用范围
剔适用于加工畜、禽、鱼类等动物性原料。
（3）技术要领
下刀要准确，刀口要整齐，随部位不同分别运用刀尖、刀跟等部位，以保证原料的完整。

9）揿
（1）操作方法
刀刃向左倾斜，右手握刀柄，用刀身的另一面压住原料，将本身是软性的原料从左到右拖压成蓉泥，揿也称背。
（2）应用范围
揿主要用于加工豆腐泥、土豆泥等原料。
（3）技术要领
从左到右依次拖压，务必使原料均匀细腻，无明显颗粒。

10）起
（1）操作方法
用刀将原料的一部分与另一部分分离的方法。
（2）应用范围
起主要用于猪皮与猪肉的分离等。
（3）技术要领
从左到右用刀进行原料分离时，刀要稳，最好一次分离。

[技能考核标准]

序号	考核细分项目	标准分数/分
1	其他各种刀法种类的掌握	50
2	其他各种刀法在实践中的运用	20
3	原料利用率	20
4	完成时间（60分钟）	10
	合计	100

[任务考核标准]

项目	前置任务	技能	通用能力	小组互评	教师总评
分值	10	70	5	5	10

任务10 块的成形方法与规格

[前置任务]

①实地考察、查阅资料，充分了解下列原料的色泽，质地、特性及售价。

原料	色泽	质地、特性	售价
白萝卜			
胡萝卜			
香芋			
青笋			

②查阅相关资料，了解菱形块、长方块、滚料块、梳子块的各种规格。

[任务介绍]

对于质地较为松软、脆嫩无骨、形态较小的原料，一般都采用切使其成块。如蔬菜类可以直切，已去骨去皮的各种肉类可以用推切或推拉切的方法切成各种块形。

对于质地坚硬、带皮带骨的原料，一般选用砍或斩使其成块。如各种带骨的鸡、鸭等，并尽量保证原料成形大小一致。

块的种类很多，我们日常使用的有菱形块、长方块（骨牌块）、滚料块、梳子块等。其中，菱形块可以采用直刀切、推切、拉刀切、直砍等刀法，滚料块、梳子块则采用滚料切的刀法。

块的大小，一方面取决于原料所改成的条的宽窄、厚薄；另一方面取决于不同的刀工使用方法。要使块的形状整齐，所改条的宽窄、厚薄就要一致，使用的刀法也要正确。

各种块形的选择，主要是根据烹调需要以及原料的性质。一般来说，用于烧、焖的块可以稍大一些，用于熘、炒的块可以稍小一些；原料质地松软、脆嫩的块可以稍大一些，质地坚硬带骨的块可以稍小一些。对某些块形较大的，则应在背面剞花刀，以便烹制时受热均衡、入味。

①通过本次操作，基本掌握切、砍、斩的刀工使用技巧。

②掌握各种块的成形规格。

③熟练掌握各种原料的质地以及刀工成形的技巧。

[任务实施]

1）任务实施地点

烹饪实训室。

2）理实一体化任务实施时间分配

①原料制备（5分钟）。

②教师讲解、示范（10分钟）。

③学生实训（40分钟）。

④评价（15分钟）。

⑤打扫卫生（10分钟）。

[任务资料单]

1）菱形块

（1）准备工具

墩子1个，菜刀1把，条盘1个。

（2）用料（以重量估算）

青笋200克。

（3）制作工艺流程

①规格。菱形块外形像几何中的菱形，长对角线约4厘米，短对角线约2.5厘米，厚1～1.5厘米。

②切法。

A. 青笋去皮备用。

B. 将青笋改刀成长块状。

C. 将改好刀的青笋切成菱形块即可。

③用途。菱形块多用于脆性植物原料成形，如烧、烩菜肴中经常使用。

（4）注意事项

①选择质地紧实、新鲜的原料。

②原料成形符合规格。

③刀法使用准确。

2）长方块

（1）规格

形如骨牌，也叫骨牌块。长约4厘米、宽约2.5厘米、厚1.2～1.5厘米。

（2）切法

按厚度加工成大片，再按规定长度改刀成段，最后加工成块。

（3）用途

长方块多用于脆性植物原料成形，如烫油鸭子中的鸭块。

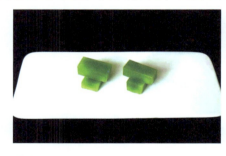 

3）滚料块

（1）规格

长3～4厘米的两头小而尖的不规则三角块。

（2）切法

运用滚刀方法，每滚动一次就切一刀。滚动幅度越大，块形越大。

（3）用途

滚料块多用于脆性植物原料，如青笋烧鸡中的莴笋块。

4）梳子块

（1）规格

经滚料切后形如梳子背的多棱形原料，长约3.5厘米（多面体），背厚约0.8厘米。

（2）切法

滚料的角度较滚刀块切时滚动的角度小，因此加工后的原料体薄，形如梳子背，故又称梳子背。

（3）用途

梳子块多用于青笋、胡萝卜等的成形。

[技能考核标准]

序号	考核细分项目	标准分数/分
1	成形规格	50
2	刀工技术	20
3	原料利用率	20
4	完成时间（60分钟）	10
	合计	100

[任务考核标准]

项目	前置任务	技能	通用能力	小组互评	教师总评
分值	10	70	5	5	10

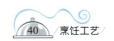

任务11 片的成形方法与规格

[前置任务]

①实地考察、查阅资料，充分了解下列原料的色泽，质地、特性及售价。

原料	色泽	质地、特性	售价
冬笋			
黄瓜			
红苕			
心里美萝卜			
土豆			

②查阅相关资料，了解骨牌片、菱形片、柳叶片、牛舌片、灯影片、指甲片、连刀片、斧头片的各种规格。

[任务介绍]

片可采用切或片的刀法加工成形。切适用于蔬菜等细嫩原料的成形，而片适用于质地较松软、直切不易切整齐或本身形状较薄的原料的成形。

片的成形应由原料性质及烹调要求决定：质地细嫩易碎的原料成形较厚；质地较硬带有韧性的原料成形较薄；用于炝、炒、爆、熘的原料成形应稍薄；用于烧、烩、煮的原料成形应较厚。

常用的片有骨牌片、菱形片、柳叶片、牛舌片、灯影片、指甲片、连刀片、斧头片等。

①通过本次操作，基本掌握平刀法的刀工使用技巧。

②掌握各种片的成形规格。

③熟练掌握各种原料的质地以及刀工成形的技巧。

[任务实施]

1）任务实施地点

烹饪实训室。

2）理实一体化任务实施时间分配

①原料制备（5分钟）。

②教师讲解、示范（10分钟）。

③学生实训（40分钟）。

④评价（15分钟）。

⑤打扫卫生（10分钟）。

[任务资料单]

1）牛舌片

（1）准备工具

墩子1个，菜刀1把，码碗1个，条盘1个，清水等适量。

（2）用料（以重量估算）

青笋1根（约150克）。

（3）牛舌片的制作工艺流程

①规格。厚度0.06～0.1厘米、宽2.5～3.5厘米、长10～17厘米的片。片薄而长，经清水泡后自然卷曲，形如牛舌、刨花，因此又称刨花片。

②切法。

A. 将青笋去皮，改刀成长10～17厘米、宽2.5～3.5厘米的段待用。

B. 将改刀的青笋采用平刀法片成0.06～0.1厘米厚的长片。

C. 先将片好的片放入装有清水的码碗中浸泡，再将充分吸水后的片捞出装入盘内即可。

③用途。牛舌片多用于加工嫩脆的植物原料，如莴笋、萝卜等。一般在凉菜中使用较多，如晾衣白肉中的黄瓜片等。

注意事项：

①选择质地紧实、新鲜的原料。

②成形要厚薄一致。

③刀法使用准确。

2）骨牌片

（1）规格

骨牌片分大骨牌片和小骨牌片两种。大骨牌片的规格为长6～6.6厘米、宽2～3厘米、厚0.3～0.5厘米。小骨牌片的规格为长4.5～5厘米、宽1.6～2厘米、厚0.3～0.5厘米。

（2）切法

按边长修成块，再直切成片。

（3）用途

骨牌片多用于加工动植物原料，如萝卜连锅汤中的萝卜片等。

3）菱形片

（1）规格

菱形片又称斜方片、旗子片，为长对角线约5厘米，短对角线约2.5厘米，厚约0.2厘米的平行四边形的片。

（2）切法

加工成菱形块后再直刀切成片。

（3）用途

菱形片多用于加工植物类嫩脆原料，如莴笋肉片中的青笋片。

4）柳叶片

（1）规格

柳叶片为状如柳叶的狭长薄片，长约6厘米、厚约0.3厘米。

（2）切法

将原料斜着从中间切开，再斜切成柳叶片。

（3）用途

柳叶片多用于加工猪肝一类原料，如白油肝片中的猪肝等。

5）灯影片

（1）规格

灯影片为长约8厘米、宽约4厘米、厚约0.1厘米的片。

（2）切法

原料修形→推拉刀片制→清水浸泡→装盘。

（3）用途

灯影片多用于植物原料的制片，如红苕、白萝卜等，也有少数用于动物原料的制片，如制灯影牛肉的片。

6）指甲片

（1）规格

指甲片形如指甲的小正方形片，边长约1.2厘米、厚约0.2厘米。

（2）切法

按规格修好原料，再直切成形。

（3）用途

指甲片适用于加工动植物原料，如姜片、蒜片等。

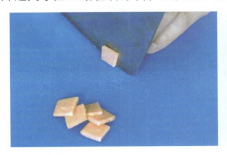

7）连刀片

（1）规格

连刀片又称火夹片，原料成形为每片厚0.3～1厘米的长方形片或圆形片。

（2）切法

两刀一断，切成两片连在一起的坯料。

（3）用途

连刀片用于鱼香茄饼的茄片、夹沙肉的肉片等。

8）斧头片

（1）规格

斧头片形似斧头，为上厚下薄的长方形薄片。其规格一般为长4～10厘米、宽约3厘米、背厚约0.3厘米。

（2）切法

一般用斜刀片片制而成。

（3）用途

斧头片可用于涨发后的海参成形。

[技能考核标准]

序号	考核细分项目	标准分数/分
1	成形规格	50
2	刀工技术	20
3	原料利用率	20
4	完成时间（60分钟）	10
	合计	100

[任务考核标准]

项目	前置任务	技能	通用能力	小组互评	教师总评
分值	10	70	5	5	10

任务12 条的成形方法与规格

[前置任务]

查阅相关资料，了解筷子条、大一字条、小一字条、象牙条的各种规格。

[任务介绍]

条的成形主要靠切完成，一般适用于无骨的动物性原料或植物性原料，它的成形主要是先将原料片或切成厚片，再改刀成条。条的粗细取决于片的厚薄，条的两头应呈正方形。按粗细长短的不同，条一般可分为筷子条、大一字条、小一字条、象牙条等。

①通过本次操作，进一步掌握片、切的使用技巧。

②掌握各种条的成形规格。

③熟练掌握各种原料的质地以及刀工成形的技巧。

[任务实施]

1）任务实施地点

烹饪实训室。

2）理实一体化任务实施时间分配

①原料制备（5分钟）。

②教师讲解、示范（10分钟）。

③学生实训（40分钟）。

④评价（15分钟）。

⑤打扫卫生（10分钟）。

[任务资料单]

1）筷子条

（1）准备工具

墩子1个，菜刀1把，条盘1个。

（2）用料（以重量估算）

青笋1根（约150克）。

（3）筷子条的制作工艺流程

①规格。长3～4厘米，粗约0.7厘米见方，形如筷子头的条。

②切法。

A. 将青笋去皮，改刀成长3～4厘米的段待用。

B. 将改成段的青笋切成厚0.7厘米的片。

C. 将青笋片改刀成宽0.7厘米的条。

 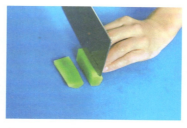 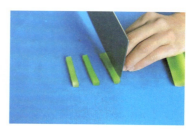

③用途。筷子条适用于加工脆性植物原料，如小煎鸡中的青笋条。

注意事项：

①选择质地紧实、新鲜的原料。

②成形要粗细一致。

③刀法使用准确。

2）大一字条

（1）规格

长6～7厘米，粗1.3～1.6厘米见方的条。

（2）切法

先将原料切片，再将片改刀为条。

（3）用途

大一字条适用于如酱烧青笋中的莴笋条等。

3）小一字条

（1）规格

长约5厘米，粗约1厘米见方的条。

（2）切法

先将原料切片，再将片改刀为条。

（3）用途

小一字条适用于如家常仔鸡中的冬笋等。

4）象牙条

（1）规格

长约5厘米，截面呈三角形。

（2）切法

加工时先将原料切成0.8～1厘米的厚片，再切成三棱形条。

（3）用途

象牙条适用于加工植物原料，如冬笋、菜头等。

[技能考核标准]

序号	考核细分项目	标准分数/分
1	成形规格	50
2	刀工技术	20
3	原料利用率	20
4	完成时间（60分钟）	10
	合计	100

[任务考核标准]

项目	前置任务	技能	通用能力	小组互评	教师总评
分值	10	70	5	5	10

 任务13 丝的成形方法与规格

[前置任务]

查阅相关资料，了解银针丝、细丝、二粗丝、头粗丝的各种规格。

[任务介绍]

丝的成形一般是先将原料加工成薄片，再改刀成丝。片的长短决定了丝的长短，片的厚薄决定了丝的粗细。加工后的丝，要求粗细均匀、长短一致、不连刀、无碎粒。在片片或切片时要注意厚薄均匀，切时注意刀路平行且刀距一致，这样才能保证切出均匀的丝来。

原料加工成薄片后，有3种排叠切丝的方法。一是瓦楞状叠法，即将切好的薄片一片一片依次排叠成瓦楞状，它不易使原料倒塌，适用于大部分原料；二是平叠法，即将切好的薄片一片一片从下往上排叠起来，此方法要求原料大小厚薄一致，且不能叠得过高，如切豆腐干；三是卷筒形叠法，即将片形大而薄的原料一片一片先放平排叠起来，然后卷成卷筒状，再切成丝，如切海带等原料。按成形的粗细，丝一般可分为银针丝、细丝、二粗丝、头粗丝。

①通过本次操作，基本掌握平刀法和直刀法的刀工使用技巧。
②掌握各种丝的成形规格。
③熟练掌握各种原料的质地以及刀工成形的技巧。

[任务实施]

1）任务实施地点
烹饪实训室。
2）理实一体化任务实施时间分配
①原料制备（5分钟）。
②教师讲解、示范（10分钟）。
③学生实训（40分钟）。
④评价（15分钟）。
⑤打扫卫生（10分钟）。

[任务资料单]

1）银针丝
（1）准备工具
墩子1个，菜刀1把，码碗1个，圆盘1个，条盘1个，毛巾1张，清水等适量。
（2）用料（以重量估算）
白萝卜150克。
（3）银针丝的制作工艺流程
①规格。形似银针的丝，长8～10厘米，粗约0.1厘米见方。
②切法。
A. 将白萝卜改刀成10厘米长的段，去皮，修方正待用。
B. 将修方正的白萝卜采用平刀片的方法片成0.1厘米厚的片。
C. 将片好的片整齐地摆在菜墩上采用直刀法切成0.1厘米见方的丝，并放入装有清水的码碗中浸泡。
D. 将充分吸水后的丝捞出，吸干多余水分装入盘内即可。

③用途。银针丝适用于如红油皮丝中的猪腿皮丝、京酱肉丝中的葱丝等。

注意事项：

①选择质地紧实、新鲜的原料。

②成形要长短一致，粗细均匀。

③刀法使用准确。

2）细丝

（1）规格

细丝的成形规格为长8～10厘米，粗约0.2厘米见方。

（2）切法

修好原料→推拉刀片→推切成丝→装盘。

（3）用途

细丝适用于如芥末肚丝中的肚丝、红油黄丝中的大头菜丝等。

3）二粗丝

（1）规格

长8～10厘米，粗约0.3厘米见方。

（2）切法

修好原料→推拉刀片→推切成丝→装盘。

（3）用途

二粗丝适用于大多炒菜中所用的肉丝等。

4）头粗丝

（1）规格

长8～10厘米，粗约0.4厘米见方。

（2）切法

修好原料→推拉刀片→推切成丝→装盘。

（3）用途

头粗丝适用于如切芹黄、鱼丝等原料。

[技能考核标准]

序号	考核细分项目	标准分数/分
1	成形规格	50
2	刀工技术	20
3	原料利用率	20
4	完成时间（60分钟）	10
	合计	100

[任务考核标准]

项目	前置任务	技能	通用能力	小组互评	教师总评
分值	10	70	5	5	10

丁、粒、末、蓉、球珠的成形方法与规格

[前置任务]

查阅相关资料，了解丁、粒、末、蓉、球珠的各种规格。

[任务介绍]

丁的成形一般是先将原料切成厚片，再将厚片改刀成条，最后将条改刀成丁。条的粗细厚薄决定了丁的大小。切丁，要力求长、宽、高基本相等，这样形状才美观。

粒的成形比丁要小一些，成形方法与丁相同，也是将原料加工成丝后再切成的。

末的大小犹如小米或油菜籽，一般将原料剁、铡、切细而成。

蓉，就是在猪、鸡、鱼、虾等的肉中加进些猪肥膘以增加黏性，制成极细软、半固体状的肉泥，也有将豆腐等制成蓉的。具体操作时，一般多是先将肉里的筋膜、皮等清除，用刀背捶，而且边捶边排除蓉泥中残留的筋膜，然后用刀口剁，这样制出的蓉，质量更好。但川菜中的鸡蓉、鱼蓉则不能剁只能捶。常见的蓉有鸡蓉、虾蓉、鱼蓉。目前多用搅拌机加工。

球珠一般选用莴笋、胡萝卜、土豆、冬瓜等蔬菜原料制作。烹调中可用刀具将原料修成橄榄形或算盘珠形，也可使用规格不同的专用刀具，在坯料上剜挖制成圆珠形，其规格可根据菜肴的需要而定。

①通过本次操作，进一步掌握切、斩、剁、铡等刀工的使用技巧。

②掌握丁、粒、末、蓉、球珠的成形规格。

[任务实施]

1）任务实施地点

烹饪实训室。

2）理实一体化任务实施时间分配

①原料制备（5分钟）。

②教师讲解、示范（10分钟）。

③学生实训（40分钟）。

④评价（15分钟）。

⑤打扫卫生（10分钟）。

[任务资料单]

1）大丁

（1）准备工具

墩子1个，菜刀1把，条盘1个。

（2）用料（以重量估算）

青笋100克。

（3）大丁的制作工艺流程

①规格。约2厘米见方的正方块。

②切法。

A. 青笋去皮待用。

B. 将去皮青笋改刀成段，并将段切成2厘米厚的片。

C. 将切好的片改刀成2厘米粗的条。

D. 将切好的条切成2厘米见方的正方块即可。

③用途。大丁适用于如花椒兔丁中的兔丁、花椒鸡丁中的鸡丁等。

注意事项：

①选择质地紧实、新鲜的原料。

②成形要长、宽、高基本相等。

③刀法使用准确。

2）小丁

（1）规格

约1厘米见方的正方块。

（2）切法

同大丁。

（3）用途

小丁适用于如辣子肉丁中的肉丁，炒三丁中的红辣椒、大白菜、莴笋丁。

3）粒

（1）规格

0.3～0.7厘米，大小与绿豆、黄豆和米粒相似。

（2）切法

同大丁。

（3）用途

粒适用于如川菜中鸡米芽菜中的鸡粒、臊子、各种馅心等。

4）末

（1）规格

末比粒还小，将原料先切后剁而成，姜、蒜等调料常剁碎成末。

（2）切法

使用剁的方法将原料切配成末。

（3）用途

末适用于如肉馅、姜蒜末等。

[技能考核标准]

序号	考核细分项目	标准分数/分
1	成形规格	50
2	刀工技术	20
3	原料利用率	20
4	完成时间（60 分钟）	10
	合计	100

[任务考核标准]

项目	前置任务	技能	通用能力	小组互评	教师总评
分值	10	70	5	5	10

项目 2

烹饪原料初加工

[项目介绍]

　　鲜活原料是指从自然界采撷后未经任何加工处理（如干制、腌制）的动植物原料。鲜活原料在烹饪中使用广泛，也是最常见的一种原料。鲜活原料主要包括新鲜的蔬菜、水产品、家禽、家畜等。由于这些原料自身的生长特点，一般不宜直接烹调食用，必须进行一系列的初加工过程，才能成为符合制作菜肴的净料。

 **鲜活原料初加工概述**

[前置任务]

通过查阅资料、观看视频，了解什么是鲜活原料初加工。

[任务介绍]

鲜活原料初加工是指对鲜活原料进行整理、宰杀、洗涤等的一系列过程，即原料由毛料成为净料的过程。

①通过本任务的学习，了解什么是鲜活原料的初加工。

②掌握鲜活原料初加工的方法。

③了解鲜活原料初加工的原则。

[任务实施]

1）任务实施地点

教室。

2）时间分配

理论讲解（40分钟）。

[任务资料单]

1）鲜活原料初加工的方法

（1）摘剔

鲜活原料基本都存在不宜食用或不宜烹制的部分，如蔬菜的黄叶、老筋，肉类的毛发、淋巴等，必须将其摘除干净，保证取得质量上乘的净料。

（2）宰杀

宰杀一般适用于生命活动较为旺盛的动物性原料的初加工，如活鸡、活鸭、活鱼、活兔等，常用颈部刺杀、溺死、敲打致死、灌死等宰杀的方法。

（3）煺毛、剥皮或刮鳞

鸡、鸭、兔、鱼等动物性原料，必须除去它们身上不能食用的皮、毛、鳞等，才能进入下一步的加工。

（4）去皮

这里的去皮，是指用于莴笋、山药、大蒜等蔬菜的去皮初加工，常用方法有削、刮、剥等。削法如莴笋、萝卜、冬瓜等的去皮，刮法如丝瓜、藕、山药、姜等的去皮，剥法如洋葱、大蒜、豌豆、胡豆等的去皮（壳）。

（5）开膛去内脏

开膛去内脏是针对动物性原料的一种初加工方法，也是动物性原料的一道重要加工工序。

开膛去内脏的方法有腹开、腋开、背开3种，具体可根据烹调的实际需要而定。值得注意的是，开膛去内脏时，切记不能挖破苦胆及肝，否则会影响成菜质量。

（6）清洁、洗涤处理

清洁、洗涤处理是前面5种初加工方法完成之后的必经步骤，更是保证鲜活原料及菜品质量的关键步骤。

2）鲜活原料初加工的原则

（1）去劣存优，弃废留精

去劣存优，弃废留精是所有鲜活原料进入烹饪环节都应该遵循的原则，即必须去除其不能食用或品质较差的部分，如污秽、边角废料等，再将其加工成符合烹调需求的净菜。

（2）必须注重卫生与营养

一般情况下，购进的鲜活原料大部分都带有泥土、虫卵、皮毛、内脏等，而这些都必须进行清理和清洗后才能进入烹饪加工环节。需要注意的是，要尽量减少原料营养成分的损失。另外，实际操作以原料的具体情况而定，如鲥鱼、鲴鱼的鳞脂肪含量较高，在初加工时则只需将鱼鳞表面洗干净，而不要将鱼鳞刮去，否则脂肪损失较大，反而会影响菜肴的鲜香味。

（3）必须适应烹调的需要，合理用料

在初加工环节，除了原料要干净、可食用外，还需注意节约，合理利用原料。比如笋的老根可吊汤，黄鱼的鳔可留下晒干作鱼肚干料等。只有两者兼顾，才能做到物尽其用，降低成本，增加收益。

（4）根据原料的品种质地，采用不同加工方法

不同原料，甚至同一原料的不同部位，在初加工方法上都有所差异。具体的初加工方法，应视原料的具体情况，如品种、老嫩、大小等来选择。

[技能考核标准]

序号	考核细分项目	标准分数/分
1	了解什么是鲜活原料的初加工	30
2	掌握鲜活原料初加工的方法	40
3	了解鲜活原料初加工的原则	40
	合计	100

[任务考核标准]

项目	前置任务	技能	通用能力	小组互评	教师总评
分值	10	70	5	5	10

任务2 新鲜蔬菜初加工

[前置任务]

通过查阅资料，了解不同新鲜蔬菜相对应的初加工方法。

[任务介绍]

①通过本任务的学习，了解新鲜蔬菜初加工的质量要求是什么。
②掌握新鲜蔬菜初加工的方法。

[任务实施]

1）任务实施地点
教室、烹饪实训室。
2）理实一体化任务实施时间分配
①理论讲解（40分钟）。
②设备、原料准备（5分钟）。
③教师示范解说（10分钟）。
④学生实训（15分钟）。
⑤评价（5分钟）。
⑥打扫卫生（5分钟）。

[任务资料单]

1）新鲜蔬菜初加工的质量要求
（1）按规格整理加工
按照原料的可食用原则，原料的不同部位需要采用不同的加工方法，如叶菜类要去掉菜的老根、老叶、黄叶，根茎类要削去或剥去表皮，果实类需刮去外皮、挖掉果心，鲜豆类要摘除豆荚上的筋络或剥去豆荚外壳，花菜类需要摘除外叶、撕去筋络等。
（2）洗涤得当，确保卫生
蔬菜的清洗也是一门学问。一是洗涤时不仅要表面上看起来没有泥沙、虫子，还要尽可能去除夹杂在其中的虫卵、农药残留等。这就要求洗涤蔬菜的方法要得当，如有的蔬菜要掰开来洗，以不使污秽物质夹在菜叶中；有的还需用淡盐水浸泡以去掉农药残留和虫卵等。二是必须遵循先洗后切的原则，尽可能减少营养素的流失。
（3）合理放置
洗涤好的蔬菜要放在能沥水的盛器内，防止沾染灰尘等杂质，并且排码整齐，以便后续的切配细加工。

2）新鲜蔬菜初加工的方法

（1）摘除整理

摘除整理多用于叶菜类，主要是去除老根、黄叶、杂物等。

（2）削剔处理

大多数根茎类和瓜果类蔬菜都需要削剔去皮处理后方能食用，如竹笋、萝卜、莴笋、冬瓜、南瓜等。

（3）洗涤

常见的洗涤有冷水洗、高锰酸钾溶液洗、盐水洗、洗洁精溶液洗等4种方法，具体洗涤方法的选用，需视原料情况而定。

3）新鲜蔬菜加工实例

（1）叶菜类蔬菜

叶菜类蔬菜是指以植物肥嫩的叶片和叶柄作为食用部位的原料。根据叶菜类蔬菜的栽培特点，可将其分为普通叶菜、结球叶菜和香辛叶菜3种类型。烹饪中常用的有菠菜、大白菜、空心菜、芫荽、韭菜、葱等，其初加工方法一般有择剔老叶，去除老根、杂物，整理清洗，消毒等。

种类	加工步骤
小白菜	择剔老叶，去除老根、杂物→盐水泡洗→入清水洗净
瓢儿白	择剔老叶→去除老根→洗涤

（2）根菜类蔬菜

根菜类蔬菜是指以植物的膨大根部作为食用部位的原料。根菜类蔬菜的主要品种有白萝卜、胡萝卜、根用芥菜、根用甜菜等，其加工方法通常有切头去尾、刮去杂须、削去污斑、削皮、洗净等。

（3）茎菜类蔬菜

茎菜类蔬菜是指以植物的嫩茎或变态茎作为食用部位的原料。按照茎菜类蔬菜的生长环境，可将其分为地上茎蔬菜和地下茎蔬菜两大类。常见的品种有莴笋、竹笋、龙须菜、茭白、芋头、马铃薯、山药、洋姜、藕、生姜、洋葱、大蒜、百合等，其加工方式基本相同，通常先除去腐叶和腐茎，再削去老皮和老根，最后用清水洗净。

种类	加工步骤
竹笋	剖开竹笋壳→去老皮→清洗干净 
洋葱	削去老根→剥去外部老皮→清水洗净

（4）果实类蔬菜

果实类蔬菜是指以植物的籽实作为食用部位的原料。果实类蔬菜按照生长成熟特点，可分为瓜果类、荚果类、茄果类等。瓜果类主要品种有黄瓜、南瓜、冬瓜、丝瓜、苦瓜等，其加工方法是先去皮、根和瓤，再用清水洗净即可。荚果类主要品种有四季豆、豌豆、青豆等，其加工方法是先去其根部及筋膜，再用清水洗净即可。茄果类主要品种有番茄、茄子、甜椒等，其加工方法与瓜果类相同。

（5）花菜类蔬菜

花菜类蔬菜主要有花菜、西兰花、黄花菜等，加工方法是先去其根部，再用清水洗净即可。

[技能考核标准]

序号	考核细分项目	标准分数/分
1	了解新鲜蔬菜初加工的质量要求	40
2	掌握新鲜蔬菜初加工的方法	60
	合计	100

[任务考核标准]

项目	前置任务	技能	通用能力	小组互评	教师总评
分值	10	70	5	5	10

任务3 家禽初加工

[前置任务]

通过查阅资料，了解家禽的初加工方法。

[任务介绍]

①通过本任务的学习，了解家禽初加工的质量要求是什么。
②掌握家禽初加工的方法。

[任务实施]

1）任务实施地点
教室、烹饪实训室。
2）理实一体化任务实施时间分配
①理论讲解（40分钟）。
②设备、原料准备（5分钟）。
③教师示范解说（40分钟）。
④学生实训（60分钟）。
⑤评价（10分钟）。
⑥打扫卫生（5分钟）。

[任务资料单]

1）家禽初加工的质量要求

（1）宰杀时，要将家禽的气管、血管割断，放尽血液

为了节约加工时间，可同时割断家禽的气管与血管，使其迅速流尽血液，断气身亡。如果气管、血管没有完全割断，血就不能放净，肉色发红，影响成品质量。

（2）煺净禽毛

禽类的毛是否煺尽是初加工质量好坏的重要一环，技术要求较高，既要煺净禽毛又要保证禽皮完整无破损，以免影响菜肴整体形态。这一环节的关键在于烫泡时水温和烫泡时间长短的控制。总的原则是根据家禽的品种、老嫩和加工季节的变化而灵活掌握。烫泡质老的禽类水温则高，时间则长；夏季水温较冬季偏低，时间更短。

（3）洗涤干净

应对家禽口腔、颈部刀口处、腹腔、肛门等部位重点冲洗，确保原料的卫生，否则将影响菜肴质量。禽类的内脏也要反复清洗，以去尽污物。有的还须用盐搓洗，以便去黏液和异味。

（4）剖口正确

在宰杀家禽时，颈部宰杀口要小，不能太低。根据菜品的不同要求选择不同的开膛方法。

（5）物尽其用

家禽体内各部分都有诸多用途，如肫、肺、心、肠都可用来烹制菜肴，头、爪可用来卤酱、煮汤，内金可供药用等。因此在加工时应注意保存利用，提高利用率，降低产品成本。

2）家禽初加工的方法

家禽加工程序较为复杂，要求严格，必须按正确的步骤进行。以鸡为例，主要体现在宰杀，烫泡、煺毛，开膛取内脏，洗涤等环节。

（1）宰杀

宰杀前准备一个碗，碗内放少许盐和适量清水备用。宰杀时用左手握住鸡翅，小拇指勾住鸡的右腿，腾出大拇指和食指捏住鸡颈皮并反复向后收紧，使气管和血管突起在头根部，将准备下刀处的毛拔去，用刀割断气管和血管（刀口要小），并迅速将鸡身下倾（即头朝下、鸡尾朝上）使血液流入盐水碗中，再将血液与盐水搅匀即可。

（2）烫泡、煺毛

宰杀后待其完全停止动弹后方可进行烫泡、煺毛。过早烫泡会引起鸡肉痉挛而造成破皮，过迟则鸡肉僵直，毛不易煺掉。烫泡时水温要适中（一般为70～80 ℃），水温的变化要根据鸡的品种、老嫩和环境温度等因素的变化而灵活掌握；水量要充足，保证将鸡的整个身体烫匀、烫透，尤其是鸡的头部、腋下、脚部老皮等。煺毛时应掌握技巧，技术熟练的厨师讲究"五把抓"，即头、颈、背、腹、两腿各一把，禽毛即可基本煺净。

（3）开膛取内脏

开膛的方法通常有腹开、背开、腋开3种。

①腹开。在鸡颈右侧靠近嗉囊处开一小口，轻轻取出嗉囊、食道和气管。再在肛门与鸡胸之间划一条5～6厘米的刀口，从刀口处用手轻轻掏出内脏，割断肛门与肠连接处，洗涤干净即可。此方法适用于一般烹调方法。

②背开。用左手稳住鸡身，使鸡背向右，右手用刀顺背骨劈开，掏出内脏（注意拉出嗉囊

时用力要均匀适度），再用清水冲洗干净即可。此方法适用于扒、蒸等烹调方法。

③腋开。将鸡身侧放，右翅向上，左手掌根稳住鸡身，手指勾起鸡翅，右手持刀在右翅下开一小口，再用右手中指和食指伸入将内脏轻轻拉出（注意拉出嗦囊、食道和气管），最后用清水反复冲洗干净即可。

无论采用何种方法开膛取内脏，都应注意以下几个方面。

A. 去内脏时注意不能碰破肝、胆。

B. 内脏中的肫、肠、肝、心等均可烹制菜肴，不可随意丢弃。

（4）洗涤

鸡经初加工处理后，最后为除去绒毛和洗涤。

①除去绒毛。鸡在宰杀、煺毛、去内脏后，其身体上还残留很多较细小的绒毛，不易用手清理干净，可采用少许酒精涂抹（或高度白酒）其身体后再点燃，从而烧去残留绒毛。

②洗涤。除正常冲洗鸡身外，还要注意将易污染、藏污的部分洗涤干净，如口腔的洗涤，颈处气血管和甲状腺的清除，腹腔的洗涤等。

3）家禽内脏加工

家禽内脏多可食用，加工时应坚持卫生的原则，尽可能保护其营养成分。

（1）肝

先摘去附在肝叶上的胆，用刀割去肝叶上的胆色肝。再将鸡、鸭的肝放在清水盆里，左手托起，右手轻轻地泼水漂洗，直到水清，胆色淡、肝转白色即可。清洗时切忌用水冲洗。用力要轻，防止肝破碎。

（2）心

挤尽心基部血管内的淤血，用清水洗净即可。

（3）肫

用剪刀顺着肫上部的贲门和连接肠子的幽门管壁剪开，冲洗肫内的污物，剥取内壁黄皮（俗称鸡内金，可作药用，具有健脾消食的功效），然后用少许食盐涂抹在肫上，轻轻地揉擦，除去黏液，再用清水反复地冲洗，直至无黏滑感即可。

（4）肠

先将鸡、鸭肠子理成直条，抽去附在肠上的两条白色胰脏。然后用剪刀头穿入肠子，顺长将肠子剖开，用水冲洗去肠内的污物。再将鸡、鸭肠放在碗内，加入食盐或米醋，用力揉

擦除去肠壁上的黏液，用水冲洗数次，直到手感不黏滑、无腥膻气味即可。也可以将处理洗净后的鸡、鸭肠放入沸水锅略烫一下取出，但要注意烫的时间不可过久，以免质感老，难以咀嚼。

（5）油脂

油脂常分布于禽体腹腔内和包裹在肠、肫的外面，经过加工可以制成滋味清香、鲜浓、色黄而艳的明油。先将洗净的鸡油切成小块，放入碗内，加入葱、姜、料酒，上笼蒸化后取出，除去葱和姜即可。用明油调制成的鸡油芦笋、鸡油凤尾等菜肴，口味鲜浓，香而不腻。

［技能考核标准］

序号	考核细分项目	标准分数/分
1	了解家禽初加工的质量要求是什么	40
2	掌握家禽初加工的方法	60
	合计	100

［任务考核标准］

项目	前置任务	技能	通用能力	小组互评	教师总评
分值	10	70	5	5	10

 任务4 家畜内脏初加工

［前置任务］

通过查阅资料，了解家畜内脏初加工的方法。

［任务介绍］

家畜内脏包括肝、心、腰、肚、肠、肺等组织器官。由于这些原料大多污秽而且油腻，并带有腥臭气味，因此必须反复清洗。

①通过本任务的学习，了解家畜内脏初加工的质量要求是什么。

②掌握家畜内脏初加工的方法。

[任务实施]

1）任务实施地点

教室、烹饪实训室。

2）理实一体化任务实施时间分配

①理论讲解（40分钟）。

②设备、原料准备（5分钟）。

③教师示范解说（40分钟）。

④学生实训（60分钟）。

⑤评价（10分钟）。

⑥打扫卫生（5分钟）。

[任务资料单]

1）家畜内脏初加工的质量要求

（1）洗涤干净、除去异味

家畜内脏的粪便、杂物较多，污秽且油腻，特别是肠和肚，如果不洗干净根本不能食用。家畜内脏腥臊味较重，在清洗时必须除掉，一般采用明矾、盐或醋等物质进行搓洗以去掉原料中的黏液及异味，而后用清水冲洗干净即可。

（2）应遵循加工后不改变原料质地，保存营养的原则

家畜内脏初加工的根本原则是除净杂质和异味，改进原料风味，但也应注意每一种原料都有其固定的质地和营养成分。因此，在原料初加工时，应尽量避免因过度加工或不当加工造成的原料固有质地的变化或营养素的流失。

（3）严格质量鉴定，重视净料保管

家畜内脏里的污物很多，极易污染，时间久了异味很难去除，而且容易发黑，因此初加工前必须做好原料质量的鉴定并及时加工处理。加工好的净料要保管得当，防止污染腐败，尽快用于烹调。

2）家畜内脏初加工的常用方法

（1）里外翻洗法

里外翻洗法主要用于肠、肚等内脏的加工，有利于保证原料的内外清洁卫生。

（2）搓洗法

搓洗法主要用于洗涤黏液和污秽较多的原料，如肠、肚等。一般是先用盐、醋或明矾等搓洗后再用清水洗净污物、油腻和黏液，同时去除异味。

（3）烫洗法

烫洗法是指将内脏投入开水锅中稍微烫一下，当内脏开始卷缩、白毛转色时立即捞出，然后用刀刮洗的方法，如肠、肚、舌、爪的加工。

（4）刮洗法

刮洗法用于去掉原料表面的黏液、污物、残毛和硬壳等。这种方法多结合烫洗法进行。如舌头先烫至舌苔发白后再用刀刮去舌苔并用清水洗净。

（5）灌水冲洗法

灌水冲洗法主要用于肺的洗涤，因为肺的气管和支气管组织复杂，气泡多，血污不易清除。应将肺管套在水龙头上，使水灌入肺中致使肺叶扩张，从而去除血污，直至其色发白，再

剥去肺外膜洗净即可。

（6）清水漂洗法

清水漂洗法主要用于质地较嫩、易碎原料的洗涤加工，如家畜的脑、髓、肝等。

3）家畜内脏的加工实例

（1）猪腰子的初加工

猪腰子的初加工步骤：撕去外皮→平放侧剖为两片→片去腰臊→清水冲洗待用。

猪腰子即猪的肾，加工方法与心、肝相同，只要用清水冲洗干净便可用于烹调，但腰子在加工时要撕去纤维膜（俗称外皮），剖开后片去髓质部（俗称腰臊），才可用于制作菜肴。

用手撕去黏附在猪腰子外面的膜子和猪油。然后将猪腰子平放在砧墩上，沿着猪腰子的空隙处，采用拉刀片的刀法（刀身放平，刀背向右，刀刃向左片进原料，将刀由外向里拉，片断原料），将猪腰子片成两片，仍采用拉刀片的刀法，分别片去附在猪腰子内部的白色筋膜（俗称肾膻）。最后，将片去肾膻的猪腰子用清水冲洗干净。

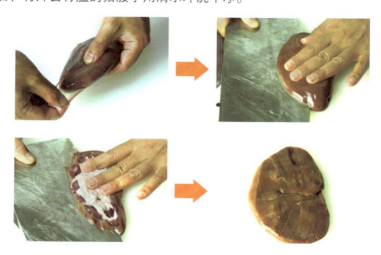

（2）猪肠的初加工

猪肠的初加工步骤：剥去外面油脂→翻转洗去污物→加醋反复搓洗→清水洗净→翻转揉搓、冲洗即可。

将猪肠放在盆内，加入少许食盐、面粉，用双手反复地揉擦，等肠上的黏液凝固脱离，用冷水反复冲洗。然后将手伸入肠内，把口大的一头翻转过来，用手指撑开，灌注清水，肠受到水的压力，就会逐渐地翻转，等肠完全翻转后，用手摘去猪肠内壁上附着的糟粕、污物，若无法摘去的，可以用剪刀剪去，再用清水反复冲洗干净。用上述套肠方法，将猪肠翻回原样。将洗干净的猪肠投入冷水锅，边加热边用手勺翻动，待水烧沸，肠的污秽凝固，倒出，冲洗干净即可。

（3）猪肚的加工

猪肚的初加工步骤：洗去表面污物→翻转搓洗→沸水烫泡→刮去白苔→浸泡干净。

将猪肚放入盆内，放入食盐和醋，用双手反复地揉擦，使猪肚上的黏液凝固脱离，然后用水洗去黏液。将手伸入猪肚内，用手抓住猪肚的另一端，翻转过来，仍加食盐和醋揉擦，再洗去黏液。然后将猪肚投入沸水锅内进行刮洗，待猪肚的内壁光滑，接着将猪肚翻过来，投入冷水锅，一边加热，一边用手勺翻身，等水烧沸，就可去掉猪肚的腥膻味，最后将猪肚浸泡在冷水内即可。

（4）猪肺的初加工

猪肺的初加工步骤：肺总管套在水龙头上→用水反复冲洗至肺叶变白→剥去肺外膜→洗净待用。

用手抓住肺管，套在水龙头上，将水直接通过肺管灌入肺内，待肺叶充水胀大，血污外溢时，将猪肺取下平放在空盆内，用双手轻轻地拍打肺叶，倒提起肺叶，使血污流出，如水流出的速度很慢，可以将双手平放在肺叶上，用力挤压，将肺叶内的血污放出来。按这种方法，重复3～4次，至猪肺色白，无血污流出时，用刀划破肺的外膜，再用清水反复地冲洗干净。

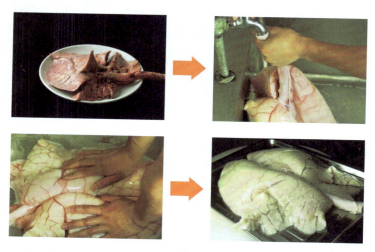

（5）猪舌的初加工

猪舌的初加工步骤：冲洗→沸水刮洗→洗涤整理。

先将猪舌冲洗干净，然后放入沸水锅烫泡（应掌握好加热时间，时间过长，舌苔发硬不易去除；时间太短，舌苔也无法剥离），待舌苔发白立即取出，用刀刮去除白苔，再用清水冲洗干净，并将淋巴去除。

（6）猪脑的加工

猪脑的加工步骤：挑出血丝→漂洗干净。

先用牙签剔去猪脑的血筋、血衣，盆内放些清水，左手托住猪脑，右手泼水轻轻地漂洗，按此方法，重复3～4次，直到水清、猪脑无异物脱落即可取出。由于猪脑的质地极其细嫩，洗涤要十分小心，稍有不慎，容易使原料破损，因此切不可用水直接冲洗。

[技能考核标准]

序号	考核细分项目	标准分数/分
1	了解家畜内脏初加工的质量要求是什么	40
2	掌握家畜内脏初加工的方法	60
合计		100

[任务考核标准]

项目	前置任务	技能	通用能力	小组互评	教师总评
分值	10	70	5	5	10

任务5　水产品初加工

[前置任务]
通过查阅资料，了解水产品初加工的方法。

[任务介绍]
①通过本任务的学习，了解水产品初加工的质量要求是什么。
②掌握水产品初加工的方法。

[任务实施]

1）任务实施地点

教室、烹饪实训室。

2）理实一体化任务实施时间分配

①理论讲解（40分钟）。

②设备、原料准备（5分钟）。

③教师示范解说（40分钟）。

④学生实训（60分钟）。

⑤评价（10分钟）。

⑥打扫卫生（5分钟）。

[任务资料单]

1）水产品初加工的质量要求

（1）了解原料的组织结构，去除不能食用的部分，除去污物杂质

水产品中带有较多的血水、黏液、寄生虫等，并有腥臭味，必须除尽，以符合卫生要求，从而保证菜品质量。

（2）根据烹调成菜的要求进行加工

水产品都要按照用途及不同品种进行初加工，如一般鱼类都需去鳞，但是鲥鱼就不能去鳞。多数鱼类要剖腹取出内脏，而黄鱼则不剖腹，是从口中将内脏拉出来，使之保持鱼体的形态完整。此外，在加工中还要注意充分利用某些可食部位，避免浪费，如黄鱼鳔、青鱼的肝肠等均可食用。

（3）切勿弄破苦胆

一般淡水鱼类均有苦胆，若将苦胆弄破，则胆汁会使鱼肉的味道变苦，影响菜肴的质量，甚至无法食用，应在剖腹挖肠时加以注意。

2）水产品初加工的方法

水产品通常是指长期生活在水中的所有生物原料，根据其生长的水源不同，可分为海水产品和淡水产品。

（1）常见鱼的初加工

常见鱼的初加工步骤：刮鳞→去鳃→开膛去内脏→洗涤。

①刮鳞：鱼鳞一般无食用价值，质地较硬，在加工时应予以刮除。

②去鳃：鳃是鱼的呼吸器官，往往夹杂一些泥沙、异物，应去除干净。

③开膛去内脏：鱼类开膛方法应视烹调用途而定。一般用于红烧、清炖的鱼类应剖腹去内脏，用于出骨成菜的应采用背部开膛的方法。另外，有些原料在加工时为了保持鱼体外形完整，用竹筷从鱼口腔中将内脏绞出，如清蒸鳜鱼等。

④洗涤：因鱼类腹腔中污血较多，尤其是一些池养鱼腹腔内有一层黑膜（俗称黑衣），腥味尤重，在洗涤时应清除。

（2）虾蟹类的初加工

虾蟹属于节肢动物类，生活在淡水或海水中，虾类主要有龙虾、基围虾、对虾、毛虾、河虾等。蟹类主要有肉蟹、膏蟹、花蟹、雪蟹等。

①虾类：剪去虾枪、虾须，挑出头部沙包，从背脊处用刀划开，剔去虾筋、虾肠即可。

②蟹类：用刷子将蟹壳洗刷干净，去除蟹壳，用清水洗净即可。

（3）龟鳖类的初加工

龟鳖属于爬行纲鱼鳖目，因其生命力较强，为防止加工时咬伤人，一般先宰杀后清洗，以甲鱼为例，其加工步骤：宰杀→烫泡→开壳去内脏→洗涤。

①宰杀：常用的方法是将甲鱼腹部向上放在案板上，等其头部伸出支撑欲翻身时，用左手握紧颈部，右手用刀切开喉部放尽血；另一种方法是用竹筷等物让其咬住，随即用力拉出头并迅速用刀切开喉部放血。

②烫泡：根据甲鱼质地老嫩和加工季节不同，准备一锅70～100 ℃的水，放入甲鱼，烫泡3～5分钟，取出用刀刮去脂皮、杂物。

③开壳去内脏、洗涤：用刀剔开裙边与鳖甲结合处，掀开甲壳，去除内脏，用清水洗净血污即可。

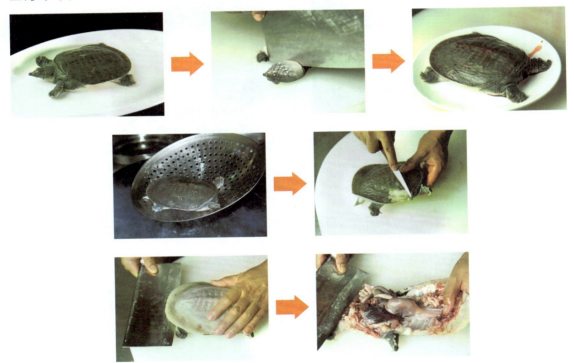

（4）软体动物的初加工

软体动物是低等动物中的一门，身体柔嫩，不分节。因为大多数软体动物都有贝壳，故通常又称为贝类，其主要种类有：鲍鱼、田螺、扇贝、蛤蜊、蛏子等。

①鲍鱼：主要食用部分为肥厚的足块，加工时一般先用清水洗净外壳，投入沸水锅中煮至离壳，取下肉，去其内脏和腹足，用竹刷将鲍鱼刷至白色，最后用清水洗涤干净。

②田螺：常见且分布较广的有中华圆田螺，主要生长于淡水湖泊，加工方法是用清水加入有食盐的盆中，将田螺放入盆内泡两天，吐尽泥沙，反复清洗干净，用钳子钳去尾壳即可。另一种方法是将其用沸水煮至离壳，再用竹签挑出螺肉，洗净即可。

③扇贝：采用专用工具将壳撬开，剔除内脏，用水洗去泥沙，即可烹调。

④蛤蜊：加工时首先将活蛤蜊放入2%的盐水中促使其吐出腹内泥沙，然后将其放入开水

锅中煮至蛤蜊壳张开捞出，去壳，留肉，用澄清的原汤洗净，类似此种加工方法的原料还有竹蛏等。

⑤蛏子：将两壳分开，取出蛏子肉，挤出沙粒，用清水洗净即可。

3）水产品加工实例

（1）鲫鱼的初加工步骤（适用于所有普通鱼类）

鲫鱼的初加工步骤：刮鳞→去鳃→开膛去内脏→清水洗净待用。

左手按住鱼头，右手握刀从尾至头刮去鱼鳞，再用手挖去鱼鳃，然后用刀或剪刀从肛门至胸鳍将腹部剖开，并将腹内黑膜剥去，最后冲洗干净即可。

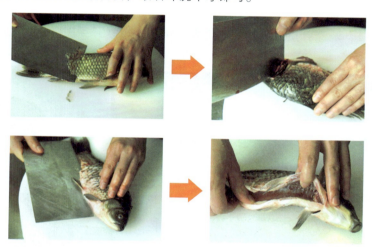

（2）黄鳝的加工步骤

①鳝丝：烫泡→洗涤。将黄鳝放入盛器中，加入适量的盐和醋（加盐的目的是使鳝肉中的蛋白质凝固，划鳝丝时鳝肉结实。加醋的目的则是便于去除腥味和黏液），再倒入沸水，立即加盖，用旺火煮至黄鳝嘴张开，捞出放入冷水中浸凉洗尽白涎，然后用竹刀（竹制刀）从鳝鱼颈部刺入，紧贴脊骨划成鳝丝，切断备用。

②鳝片：出骨→洗净。先击鳝鱼头部，将头钉于木板上，以左手紧握鳝身，右手用刀从鳝颈部横割一刀，然后用刀尖紧贴背脊骨往下拉到尾部，剔净脊骨和内脏，切去头部，用5%的食盐水洗净备用。

（3）小龙虾的加工步骤

小龙虾的加工步骤：刷洗干净→去头→去尾→去肠→洗涤。先将小龙虾用牙刷洗干净，再去掉头部、尾部及虾肠，放在水中漂洗干净即可。

（4）田螺的初加工步骤

田螺的初加工步骤：滴油活养→清水洗净→钳去尾壳→清水冲洗待用。新鲜的田螺体内藏有许多泥土污物，食用前除清洗体表外，还要使其吐尽脏腑内的泥土。其方法是先将田螺置于清水中，然后在水中滴入几滴菜籽油，2～3天后泥土就可以吐尽。

（5）带鱼的初加工步骤

带鱼的初加工步骤：刮鳞→去内脏→清洗干净。带鱼的表面虽然没有鳞片，但是表面发亮的银鳞有入口腻的缺点，因此一般都要刮去。其方法是右手用刀从头至尾或从尾至头，来回刮动，从而刮去银鳞，再用剪刀沿着鱼背从尾至头剪去背鳍，然后用剪刀沿着肛门处向头部剖开腹部，用手挖去内脏和鱼鳃，剪去尖嘴和尖尾，最后用水反复冲洗。洗去银鳞、血筋、瘀血等污秽之物。

[技能考核标准]

序号	考核细分项目	标准分数/分
1	了解水产品初加工的质量要求是什么	40
2	掌握水产品初加工的方法	60
	合计	100

[任务考核标准]

项目	前置任务	技能	通用能力	小组互评	教师总评
分值	10	70	5	5	10

 **任务6** 干货原料的特点及涨发要求

[前置任务]

通过查阅资料，了解干货原料的特点及涨发要求。

[任务介绍]

干货原料又称干货、干料，是将鲜活的动植物原料在自然或人工条件下，经过脱水干燥处理，使水分降低到足以防止腐败变质的水平，从而可以长期保存的一类烹饪原料。

干货原料的脱水干制方法有晒干、风干、烘干、熏干等。与新鲜原料相比，其具有干、硬、韧、老等特点。烹调之前必须先进行涨发，才能满足烹调与食用的要求。但由于干制方法及原料的种类和质地不同，脱水率也各不相同，发料时涨发效果也有所区别。

①通过本任务的学习，了解干货原料的特点。

②掌握干货原料的涨发要求。

[任务实施]

1）任务实施地点

教室。

2）理实一体化任务实施时间分配

理论讲解（40分钟）。

[任务资料单]

1）干货原料涨发的概念

干货原料涨发是指采用各种不同的加工方法，使干货原料重新吸收水分，最大限度地恢复其原有的鲜嫩、松软、爽脆的状态，同时除去原料中的杂质和异味，便于切配、烹调和食用的原料处理方法。

2）干货原料涨发的目的

①干货原料经过合理涨发加工，最大限度地恢复其原有的松软质地，提高其食用价值，增加良好的口感，有利于人体的消化吸收。

②干货原料经过涨发加工，可以除去原料中的异味和杂质，便于刀工处理，提高了菜品的烹饪价值，增加了菜品的美观程度。

3）干货原料涨发的要求

干货原料涨发是一项比较复杂的操作过程，也是一项技术性较强的基本功。涨发效果的好坏，直接关系到原料的烹调及菜品的质量。尤其是高档的原料（如鱼翅、燕窝等），涨发的质量直接决定菜品的档次。因此，干货涨发是一项非常重要的加工工序。在操作过程中要求做到以下几点。

（1）熟悉干货原料的产地和品种性质

同一品种的干货原料，由于产地、产期不同，其品种质量也有所差异。例如，山东产的粉丝与安徽产的粉丝，由于所用原料不同，其浸泡时间也不一样。山东产的粉丝是用绿豆粉制成的，耐泡。安徽产的粉丝是用甘薯粉制成的，不适宜长时间浸泡。因此，只有熟悉干货原料的产地、品质，才可以采取合理的涨发方法，达到预期的效果。

（2）能鉴别原料的品质性质

各种原料在质量上有优劣等级之分，正确鉴别原料的质地，准确判断原料的等级，是涨发干货原料成败的关键因素。

（3）认真按程序操作

认真对待涨发过程中的每一环节，必须熟练掌握各项涨发技术。干货原料的涨发过程一般分为原料涨发前的初步整理、涨发、涨发后处理3个步骤。如涨发干蹄筋，在涨发之前必须将蹄筋在温油锅中浸泡一段时间，再在涨发中掌握好油的温度，最后在去油过程中使用恰到好处的碱量，才能达到涨发的要求。由此看来，虽然每个步骤要求、目的都不同，但是它们又相互联系、相互影响、相辅相成，无论哪个环节失误，都会影响涨发效果。

[技能考核标准]

序号	考核细分项目	标准分数/分
1	了解干货原料的特点	50
2	了解干货原料涨发的要求	50
	合计	100

[任务考核标准]

项目	前置任务	技能	通用能力	小组互评	教师总评
分值	10	70	5	5	10

 **任务7　干货原料涨发的方法**

[前置任务]

通过查阅资料、观看视频，了解干货原料的涨发方法。

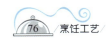

[任务介绍]

干货原料因其原料的性质不同，干制方法也不相同，所以在涨发过程中，不可能采取一种涨发方法来完成，必须根据原料的属性要求，采用不同的涨发方法，其涨发方法有：水发、碱发、油发、火发、晶体发5种。在具体操作运用中，水发又分为冷水发和热水发，而热水发包括泡发、煮发、焖发、蒸发等。

①通过本任务的学习，掌握不同干货原料不同涨发的方法。

②了解不同干货原料在涨发过程中的注意事项。

[任务实施]

1）任务实施地点

教室。

2）理实一体化任务实施时间分配

理论讲解（40分钟）。

[任务资料单]

1）水发

水发就是指将干货原料放在水中浸泡，使其最大限度地吸收水分，去掉异味，并涨大回软的过程。水发是运用最多的涨发方法，使用范围很广，除部分有黏性油分、有胶质及表面有皮鳞的原料外，一般干货原料都可采用水发。即使经过油发、碱发、晶体发处理的干料，最后也要经过水发的过程。因此它是最普通、最基本的发料方法。水发根据水温的高低不同可分为冷水发和热水发两种。

（1）冷水发

把干货原料放在冷水中浸泡，使水分经干细胞壁进入干货原料体内，水分的渗透扩散使干货原料体积逐渐膨胀，基本回软、松韧到原状，以便烹调使用。此法能保持原料的韧性和鲜嫩的口感。

①浸发。将干料放在冷水中浸泡，使其慢慢吸收水分，涨大回软恢复至原来的形态，同时在浸泡过程中还可以去除原料的异味。涨发的时间应根据原料的大小、老嫩和软硬程度而定。

浸发一般适用于形小、质嫩的原料，如竹荪、黄花、木耳、海带等，一般浸泡2～3小时后即可发透。此法还常用于配合和辅助其他发料方法涨发原料。

②漂发。将干料放在冷水中，用手不断挤捏或用工具使其漂动，将附着在原料上的泥沙、异味等漂洗干净。无泥沙、有异味的原料可用流水缓缓地冲漂，以除其异味。

冷水发操作简便易行，能基本保持干货原料原有的风味。

（2）热水发

热水发就是指将干货原料放在热水或蒸汽中，利用热量的传导作用，使水分子剧烈运动，促使原材料加速吸收水分，从而使体积不断膨胀并软嫩的加工方法。

绝大部分动物性干货原料及部分植物原料，都可采用热水涨发。在涨发时，应根据原料品种和质地的不同，采用不同的水温和加热形式。热水发包括泡发、煮发、焖发、蒸发4种。

①泡发。泡发是指把干货原料直接放入热水中浸泡，分时段更换热水，使原料缓慢涨发的

方法。操作中应不断更换热水，以保持水温。

此法适用于体小、质嫩的干料，如银鱼、粉丝、燕窝、腐竹、海带等。适用于冷水浸发的干料，也可用热水泡发。

②煮发。煮发是指把干货原料放入水中，不断加热，使水温持续保持在微沸的状态，促使原料快速吸水的方法。

此法适用于体大、质地坚实，且带有浓重腥膻异味，不易吸水涨发的原料，如玉兰笋、海参、鱼皮等。

③焖发。焖发是指与煮发相关联，并与煮发相辅相成的一种方法，是煮发的后续过程。某些原料不能一味地煮制涨发，否则会使原材料的外部组织过早发透，外层皮开肉烂，但是此时原材料的内部组织还没有发透，影响了涨发原料的口感。因此，我们在煮发到一定的程度时，要将原材料端离火口并加盖焖发，待水温下降后反复进行持续加热，促使原材料内外均匀地吸水膨胀，以达到涨发程度一致。

此法适用于体形大、质地坚实、腥膻味较重的干料，如鱼翅、驼掌、海参以及鲜味充足的鲍鱼等。

④蒸发。蒸发是指将干货原料放入蒸笼中隔水蒸，利用蒸汽使原料吸水膨胀的方法。

凡不适于煮发、焖发或焖后仍不易发透以及容易碎散的原料，都可采用蒸发。如干贝、鱼唇、鱼骨、金钩、哈士蟆等鲜味强烈，经沸水一煮往往鲜味受损，采用蒸发则可保持原来形态和风味特色。蒸发时还可以加入调味品或其他配料同蒸，以增进原料的滋味。

为了提高涨发质量和缩短发料时间，在热水发之前，干料可先用冷水洗涤和浸泡。

2）碱发

碱发是指将干货原料先用清水浸软，再放进碱性溶液中浸泡，利用碱的脱脂和腐蚀作用，使其涨发回软的一种方法。

碱发能缩短发料时间，使干料迅速涨发，但会使原料的营养成分有一定的流失。因此，运用碱发要谨慎，使用范围仅限于一些质地较硬，单纯用热水发不易发透的原料。例如墨鱼、鱿鱼等。其他质地较软的干料都不宜碱发。

（1）生碱水发

生碱水发一般是先用清水把原料浸泡至柔软，再放入浓度约5%（即纯碱与水的比例为1：20）的生碱水中泡发。根据原料的质地与水温的高低控制好碱水的浓度和泡发的时间。涨发时都需要在80～90 ℃的恒温溶液中提质，并用开水去净碱味，使其具有柔软、质嫩、口感好的特点。

生碱水发的原料适用于烧、烩、熘、拌以及做汤等烹调方法。

（2）熟碱水发

熟碱水发一般是用水和食用纯碱及生石灰，其比例为18：1：0.4，配制时先将食用纯碱、生石灰、水充分搅匀静置澄清后，滤取澄清的碱溶液使用。涨发时可不需加温，涨发透后，捞出用清水浸泡并不断换水，退碱后即可，此法泡过的原料不黏滑，具有韧性及柔软的特点，适合炒、爆等烹调方法制作的菜品。

碱发在运用时应注意以下几个问题：

①干货原料在放入碱和碱水之前应先用清水浸泡回软，以缓解碱对原料的直接腐蚀。

②根据原料的质地和季节的不同要适当地调整碱溶液的浓度和涨发时间。

③碱发后的原料必须用清水漂洗，以便清除碱味。

3）油发

油发就是指把干货原料放入多量的油内浸泡并逐步加热，利用油的传热作用使原料膨胀疏松的方法。

油发是利用油的导热性使干货原料中所含有的少量水分迅速受热蒸发，促使其分子颗粒膨胀，从而达到膨胀疏松的目的。

油发适用于富含胶质和结缔组织的干货，如肉皮、蹄筋、鱼肚等。具体操作方法：将干燥、清洁、无杂质、无异味的原料直接下入适量的凉油或温油（以60 ℃为限）锅中，使原料浸发至回软，待其回软后，体积缩小再升高油温，将原料浸泡至体积膨胀。若原料形体较大的，在油中浸泡回软后，可改刀成小块状再进行涨发，并根据用途决定涨发的程度。

油发过程中，根据原料涨发的程度，需要灵活掌握火候，油温不宜过高。如加热过程火力太旺，会造成外面焦而里面发不透。油发后的原料会有大量的油脂，使用前应先用碱溶液浸漂脱脂，并在碱溶液中进一步浸泡涨发，再用水浸漂除碱味。

4）火发

所谓火发，并不是用火将原料直接发透，而是某些特殊的干货原料在进行水发前的一种辅助性加工方法。

火发主要是利用火的烧燎除掉干货原料外表绒毛的角质、钙质化的硬皮。火发一般都要经过烧、刮、浸、滚、煨等几个工序。需要注意的是，烧燎过程中要掌握好烧燎的程度，可采用边烧燎边刮皮的方法，防止烧燎过度损伤干货原料内部的组织成分，降低使用价值和食用价值。

此法适用于驼峰、牛掌、乌参、岩参等原料。

5）晶体发

晶体发就是指把干货原料放在有食盐或沙的锅内加热，炒、焖相当时间，使之膨胀松泡的涨发方法。

因为晶体发的原理与油发类似，所以用油发的原料也可使用晶体发，例如肉皮、蹄筋、鱼肚等。用晶体发涨发后的原料松软有力，即使受潮的原料也可直接发而不必另行烘干，并可节约用油，但色泽不及油发的光洁美观，且发后都要用热水再泡发，并清除盐分及沙粒等杂质。

（1）盐发

盐发是指利用盐作传热媒介来发制干货原料。操作中先把盐炒烫，使盐中水分蒸发，颗粒散开，下料后使用温火缓慢加热，以免外焦里不熟，特别是干料开始涨大时，必须温火多焖勤炒，使原料受热均匀，回软卷缩，直至膨松。

（2）沙发

沙发是用干净的粗沙粒作为传热媒介来发制干货原料的方法。其操作方法与盐发相同，但因附着的沙粒不易清除，故很少采用。

[技能考核标准]

序号	考核细分项目	标准分数/分
1	了解干货原料涨发的方法	50
2	了解干货原料在涨发过程中的注意事项	50
	合计	100

[任务考核标准]

项目	前置任务	技能	通用能力	小组互评	教师总评
分值	10	70	5	5	10

 **任务8　常见干货原料涨发实例**

[前置任务]

通过查找图片、观看视频，了解常见干货原料的涨发方法。

[任务介绍]

干货原料品种繁多，其涨发方法不尽相同。这里着重介绍部分常用干货原料的涨发方法，通过实例达到掌握干货原料涨发要领的目的。

①通过学习，掌握常见干货原料的涨发方法。

②熟悉涨发后的原料在储藏保管中应注意的问题。

[任务实施]

1）任务实施地点

教室、烹饪实训室。

2）理实一体化任务实施时间分配

①理论讲解（40分钟）。

②设备、原料准备（5分钟）。

③教师示范解说（40分钟）。

④学生实训（60分钟）。

⑤评价（10分钟）。

⑥打扫卫生（5分钟）。

[任务资料单]

1）植物性干货原料涨发

（1）木耳

①涨发步骤：泡发→去根及杂质→洗净。

②涨发方法：将木耳（包括黑木耳、银耳）放在盛器内，加冷水浸泡2～3小时，使其缓慢吸水，待体积膨大后，用手掐去根部及残留的木质，然后用水反复冲洗，双手不断地挤捏，直

到无泥沙时即可。

③质量要求：吸水充分，体形完整，无杂质，色泽黑亮，涨发率950%～1 200%。

（2）香菇

①涨发步骤：浸发→剪去根蒂→洗净。

②涨发方法：将香菇放在容器内，倒入70 ℃以上热水，加盖焖2小时左右，然后用手顺一个方向搅动使菌褶中的泥沙落下，片刻后，将香菇轻轻捞出，原浸汁水滤去沉渣留用。

③质量要求：吸水充分，体形完整，无杂质，整体回软，无硬茬，涨发率250%～300%。

（3）竹荪

①涨发步骤：泡发→去杂质→洗净。

②涨发方法：干竹荪涨发时用热水浸泡3～5分钟，捞出放温水加少许碱浸泡，去净杂质，漂洗干净，即可备用。

③质量要求：色泽洁白，成形完整，涨发率200%。

（4）虫草

①涨发步骤：洗涤→去杂质→蒸发。

②涨发方法：先将虫草放在盛器内，用冷水抓洗两遍，洗去灰砂，然后，拣去杂草，放在小碗里，加入葱、姜、料酒、清汤或水，上笼蒸约10分钟，等到虫草体软饱满，即可取出待用。

③质量要求：无杂质，无残缺，形态完整，涨发要彻底，涨发率300%。

（5）海带

①涨发步骤：泡发→去根及杂质→洗净。

②涨发方法：将海带放在盛器内，先用冷水浸发半小时，然后平放在水池内，一边冲洗，一边用细毛软刷把海带正、反两面刷洗一遍，刷去白色的灰砂和盐，再放在盛器内，用热水泡发10分钟（最好加盖焖一会儿），然后将已发透的海带取出，倒入少许米醋，双手不停地捏擦，使海带表面的黏液浮起，最后用清水冲洗干净即可。

③质量要求：避免涨发过度引起海带爆皮破碎，涨发率700%～800%。

2）动物性干货原料涨发

（1）海参

①涨发步骤：浸发→煮发→剖腹洗涤→煮（焖）发。

②涨发方法：先将海参放入盆内，倒开水浸泡至回软后，捞出放进冷水锅中烧开约10分钟左右端离火口。浸泡几小时，等到海参发软后，捞在开水盆内，用刀把海参的腹部划开，取出肠肚后洗净，再放入冷水锅中烧开后离火焖上，这样反复2～3次，直到海参柔软、光滑，捏着有韧性，最后放入开水中泡着待用。

③注意事项：因为海参种类较多，大小不同，质量有异，不能同时发透，涨发过程中应随时将已发好的拣出，其余继续涨发。对于皮又厚又硬的无刺海参，则需先火发，再用水发。海参涨发好后因其质地柔软，蛋白质含量高，极易发生腐烂变质，在涨发过程中应注意：

A. 据海参的涨发程度，将已涨发好的选出，分类涨发。

B. 涨发过程以焖发为主，煮只是起升温作用。

C. 涨发好后要经常换水，防止腐烂变质。

D. 在保养过程中不能沾碱、盐等具有腐蚀性物质。

④质量要求：涨发率400%～600%。

（2）鱿鱼

①涨发步骤：浸发→碱水发→漂发。

②涨发方法：涨发鱿鱼有生碱水发和熟碱水发两种。

A. 生碱水发。先将鱿鱼用温水浸泡两小时（夏天用凉水），待泡软后，去掉头，撕去明骨和血膜。放入5%的生碱水溶液中泡发至柔软，完全涨发透后反复用清水漂去碱味即可。

B. 熟碱水发。先将鱿鱼用清水泡约5小时回软，再将鱿鱼放进熟碱水泡约24小时，使其完全回软，刮去里皮，顺长切成两片，连碱水一同倒入锅内，在旺火上烧至微开后，将锅端离火口焖一会儿，水温下降后继续加热烧开，连续两次，待发至透亮时，将鱿鱼捞入开水盆内，不等水凉就换开水，连续换水3次，至完全涨发透，这一过程为提质。使用时，去尽碱味即可。

③质量要求：发好的鱿鱼平滑柔软，呈白黄色，鲜润透亮，用手提有弹性，发好的鱿鱼如果使用不完，用开水加少许碱保养，但使用时必须去尽碱味。鱿鱼涨发率500%～600%。

（3）蹄筋

①涨发步骤：油发→碱水洗→清水漂洗。

②涨发方法：常用蹄筋有猪、牛两种，其涨发方法有油发、盐发、水发3种。其中，油发最常用。

A. 油发。先将蹄筋放入热水中快速洗去污物和油脂，晾干后放入冷油锅内，微火加热，不断翻动。蹄筋先慢慢收缩，待出现白色小气泡时捞出，将油温升至六成热时，再放入蹄筋，并用手不断翻动，直至蹄筋完全膨胀鼓起时取出，用手指掐一下，如能一下掐断，证明已发好，如掐不断就再放入热油锅涨发，直至涨发到饱满松泡时，捞起放进热碱水中洗去油腻并使之回软，再换清水漂洗干净，最后再换水浸泡待用。

B. 盐发。将食盐炒干水分，然后下蹄筋迅速翻动拌炒，待原料开始涨大时，埋进盐中焖透后，继续翻炒，到能掐断时，取出用热水反复漂洗干净待用。

C. 水发。先用温水把蹄筋洗一下，下锅煮2～3小时，捞起撕掉其外层的筋皮并洗净，再入锅加水用小火慢煨，直到煮透回软时捞出，用水泡上待用。

③质量要求：涨发率500%～600%。

（4）肉皮

①加工步骤：温油焖发→热油发起→温水浸→碱水泡→清水漂洗。

②涨发方法：先将干肉皮和冷油同时下锅（油量是原料的3倍），然后用中小火加热，待油温逐渐升高，到肉皮着热卷缩，皮面上泛出一粒粒小的细泡时，将肉皮捞出稍晾片刻，待锅内油温升高后，将肉皮逐张下锅，等肉皮的各部位全部膨胀鼓起，用手勺敲时听见清脆的响声，肉皮就发好了。使用时，可先将肉皮用热水（70 ℃左右）泡软，切成小块，浸在热碱水中，泡去油腻，再用清水漂净碱味，仍浸在清水中备用。

③质量要求。涨发率500%～600%。

（5）金钩海米

①加工步骤：清水洗→泡发。

②涨发方法：先用清水洗净，再用温水或冷水泡透。如急用，可将金钩海米放入一小盆中，加水淹没原料，再放入姜、葱，上笼蒸到松软即可。原汤可留用，在烹制菜肴时加入可增加菜肴的鲜味。

③质量要求：保持金钩海米的鲜味及形态。

（6）干贝

①加工步骤：洗涤→蒸发。

②涨发方法：先将干贝放在盛器内，用冷水抓洗几遍，洗去灰砂后，放入小碗内，加入葱、姜、料酒、清汤或水，上笼蒸10分钟，用手指能捻成细丝即可取出。也可放在冷水锅内，加入葱、姜、料酒，先用大火烧开，再改用小火煮半小时，用手指能捻成细丝即可取出。干贝的汤汁是制菜的好汤料，汤味鲜美，营养丰富。原汤可留用，在烹制菜肴时加入可增加菜肴的鲜味。

③质量要求：涨发率250%。

（7）鲍鱼

①加工步骤：浸泡→煮发→焖发。

②涨发方法：

A. 水煮法。先将鲍鱼用温水浸泡12小时，放入锅中或瓦罐内（罐内应放稻草，以免鲍鱼粘锅煮焦，并易使鲍鱼涨发）用微火煮胀。煮至能用刀切成片或条时即起锅，连同原汤冷却，继续浸泡，随用随取，不必换水，以免返硬。

B. 熟碱水发法。将干鲍鱼用水浸泡回软，无硬芯时取出，去杂质，洗净，用刀平片两三刀（注意保持形体完整相连），放入熟碱水中浸泡，每隔一小时轻轻搅动或翻动一次，待鲍鱼面发光亮，内部已透明时捞出，漂洗去碱味，换清水浸泡备用。如有未发透者可再投入熟碱水里重复操作一次。发料时注意季节和质地，夏季碱水浓度宜低。老硬者泡发时间可长些。熟碱水配制比例：生石灰块50克，纯碱100克，加沸水250克搅匀，待溶化后，加冷水250克搅匀澄清，取清液使用。

③质量要求：涨发率200%～400%。

（8）鱼肚

①加工步骤：油发→温碱水浸泡→清水漂洗。

②涨发方法：先将鱼肚下温油锅，转用小火温透，并轻轻上下翻动，不时将浮起的鱼肚压入油中，待涨发饱满松脆时出锅，用温碱水洗去油，再漂洗4～5次即成。

③注意事项：鱼肚涨发时一般采用油发、盐发。其原理和技术特点与发蹄筋、肉皮相同。但鱼肚有厚有薄，质量不一，操作时关键在于火候，一定要小火温透，随质地、种类不同加热时间也不同，由于口感关系一般不采用水发法，盐发时间较长也不常使用。

3）原料涨发后的保管

①所有的干货原料经水发、油发、盐发、碱发或火发的涨发方法加工后，都要浸在水里继续泡发。

②注意要勤换水，每天都要把发料用的水盆放在水斗里，边放水边漂洗，并要用手搅拌一下，让原料上下翻身，以防止下面发酵。一般换水的次数是冬季每日1次，春秋季每日2次，夏季必须把原料放在盛器内，加满水，可一起进入冰箱冷藏，温度控制在0 ℃左右，存放时间一般不要超过一周。

[技能考核标准]

序号	考核细分项目	标准分数/分
1	掌握常见干货原料的涨发方法	70
2	熟悉涨发后的原料在储藏保管中应注意的问题	30
	合计	100

[任务考核标准]

项目	前置任务	技能	通用能力	小组互评	教师总评
分值	10	70	5	5	10

项目 *3*

分档取料与整料出骨

[项目介绍]

通过本项目的学习，掌握已经宰杀和初步加工的家畜、家禽整个胴体，按照烹调的不同要求，根据其肌肉及骨骼组织的不同部位、不同质地，准确地进行分档切割的方法。

任务1 分档取料

[前置任务]

①通过查找图片、观看视频，充分了解分档取料的方法、意义和作用。
②了解分档取料的工艺流程。

[任务介绍]

分档取料是一项技术性很强的操作工序。首先必须要熟悉原料的组织结构，才能保证在取料的过程中取料正确，保证原料完整不烂，便于切配和利用，提高原料的利用率，做到物尽其用。

①通过本次任务，掌握家禽分档取料的方法。
②了解不同原料的分档取料方法。

[任务实施]

1）任务实施地点

教室、烹饪实训室。

2）理实一体化任务实施时间分配

①理论讲解（40分钟）。
②设备、原料准备（5分钟）。
③教师示范解说（40分钟）。
④学生实训（60分钟）。
⑤评价（10分钟）。
⑥打扫卫生（5分钟）。

[任务资料单]

1）家禽的分档取料

（1）熟悉家畜、家禽的组织结构，做到准确下刀

因为质量有别的肌肉之间，往往有一层筋络隔膜，所以在部位取料时，应按刀路取肉，保证不同部位原料的完整性。

（2）正确掌握取料的先后顺序

去骨、分档取料时，要根据胴体结构及操作的方便性，分步骤开刀、去骨、取肉，保证不同部位肉体的完整性。去骨取肉时，刀刃要紧贴骨骼，徐徐而进。这样去骨操作准确安全，骨肉分离合理，避免浪费。

（3）部位取料重复刀口要一致

去骨取料时刀刃与原料如有离刀，那么再次进刀时，一定要重复在上次的刀口上运行。

这样，去骨后与取料才不会出现杂乱的刀痕或在骨骼上留下过多的碎肉，从而保证原料的完整性。

2）家禽的分档取料

家禽中的鸡、鸭、鹅、鸽、鹌鹑等肌体结构和不同肌肉部位的分布情况大体相同，分档方法也大体相同。在此以鸡为例来介绍家禽的分档取料。

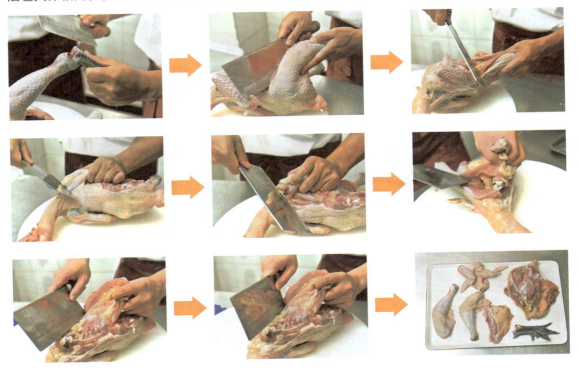

（1）鸡爪

①分档方法。先用刀顺着鸡的腿关节切下鸡爪。

②用途。鸡爪胶质丰富，皮嫩而脆，有皮无肉，主要用于制冻、汤或卤、烧、酱、拌、泡等烹调方法。

（2）鸡腿

①分档方法。先用刀沿着鸡大腿近身躯骨关节割下，然后用手抓住鸡大腿用力向后扳。再用刀割断连接着的筋膜，用力向后撕拉，割下鸡腿。用上述的方法，将另一只鸡腿也割下，去掉鸡腿骨。接着用刀尖紧贴股骨与胫骨将肉划开，取出骨骼。

②用途。鸡腿肉多、厚实、颜色深、筋多，宜于加工成丁、块，用于烧、炸、炒、爆、焖等烹调方法。

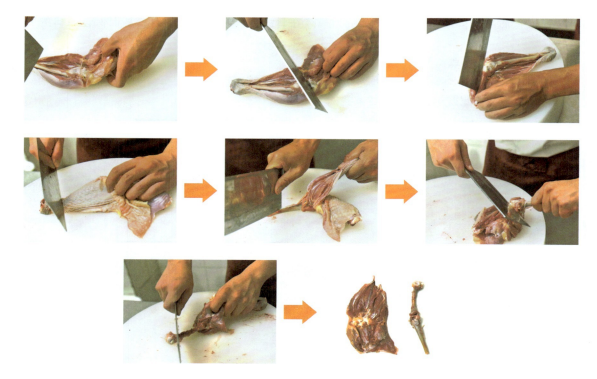

（3）鸡翅、鸡胸脯

①分档方法。左手握住鸡翅，右手执刀，沿着翅骨与鸡体骨骼的连接处下刀，割断筋膜，左手将鸡翅用力向后拉，使翅膀与胸脯肉一同拉下，脱离鸡体。用上述方法，拆下另一侧的鸡翅与鸡胸脯肉。用刀沿着鸡胸脯肉与鸡翅膀的连接处切下，即可得到两块鸡脯肉与两只鸡翅。

②用途。翅膀的皮与肌肉均细嫩，有良好的口感，一般不易剔骨出肉，常用于烧、烩、炖、焖、酱、卤等烹调方法。鸡脯肉筋少肉厚、细嫩，一般可加工成片、丝、条、丁和制鸡蓉等，适用于爆、炒、煎、汆、熘等烹调方法。

（4）鸡里脊

①分档方法。先用刀劈开鸡的锁骨，刀刃要紧贴胸骨，将里脊与胸骨划开，左手抓住里脊肉趁势往后拉。用同样的方法，拆下另一条里脊肉。

②用途。鸡里脊是鸡身上最细嫩的一块肌肉，除有一条暗筋外，其余的部位全是肌肉，是斩蓉制作花式菜肴的好原料，也可用于爆、炒、烩、汆等烹调方法。如鸳鸯鸡粥、鸡蓉海鲜、芙蓉鸡片、珍珠鸡丸汤菜。

3）猪的分档取料

猪肉的部位不同，肉质相差较大。在烹调中，只有按照各部位的性质特点，选择适宜的烹调方法，才能烹制出符合要求的菜肴。

（1）前腿部分

①猪头。猪头部位包括上下牙颌、耳朵、上下嘴尖、印合、眼眶、核桃肉等。猪头肉皮厚、质老、胶质重，宜于凉拌、卤、腌、烟熏、酱腊等。

②凤头肉。凤头肉又称上脑。此处肉皮薄，微带脆性，瘦中夹肥，肉质较嫩，适宜作丁、片、碎肉等原料，可用于炒、滑、卤、蒸、烧，或做汤吃。

③眉毛肉。眉毛肉是肩胛骨上面的一块重约500克的瘦肉，肉质最细嫩，是猪肉中质地较好

的肉，与里脊肉相似，只是颜色深一些。用途较广，宜切丁、片、丝，剁肉丸等，可用于炒、溜、软炸、炸收、卤、凉、腌、酱腊等烹调方法的菜肴。

④槽头肉。槽头肉又称颈肉。其肉质老、肥瘦不分。宜做包子、蒸饺馅或用于红烧、粉蒸等。

⑤前夹肉。前夹肉又称前腿肉。此部位肉半肥半瘦，肉质较老，色较红，筋多。适宜切丁、片，剁碎肉等。可用于炸收、炒拌、卤、烧、腌、酱腊或烹制咸烧白、连锅汤等。

⑥前肘。前肘又称前蹄髈。其皮厚、筋多、胶质重、瘦肉质好。宜凉拌、制汤、烧炖、煨、蒸等。

⑦前足。前足又名前蹄。只有皮、筋、骨骼，胶质重。质量较后蹄好，宜用烧、炖、卤、煨、酱、制冻等烹调方法。

（2）腹背部分

①里脊肉。里脊肉又称扁担肉等。其肉质最细嫩，是猪肉中质地最好的肉，用途较广，宜切丁、片、丝，剁肉丸等，可用于炒、溜、软炸、炸收、卤、凉拌、腌、酱腊等烹调方法的菜肴。

②正保肋。正保肋肉皮薄，有肥有瘦，肉质较好。宜蒸、卤、烧、煨、腌，可烹制甜烧白、粉蒸肉、红烧肉等。

③五花肉。这一部位肉因一层肥一层瘦，共有五层，故得此名。其肉质较嫩，肥瘦相间，皮薄，最宜烧、蒸，可烹制咸烧白、香糟肉、红烧肉、东坡肉等。

④奶脯肉。奶脯肉又称下五花、拖泥肉等。位于猪腹部，肉质差，多泡泡肉，带奶腥味，肥多瘦少。一般用于烧、炖、炸酥肉等。

（3）后腿部分

①秤砣肉。秤砣肉又名弹子肉，其肉质细嫩、筋少、肌纤维短。宜切丝、丁、片，剁肉丸等，可作炒、溜、爆等烹调方法的菜肴。

②门板肉。门板肉又名梭板肉、坐臀肉。其肥瘦相连，肉质细嫩，色白，肌纤维长。川菜中的回锅肉的原料就首选门板肉。

③腰柳肉。腰柳肉是与秤砣肉相连的长条状且一头粗一头细的肉。肉质极为细嫩，水分较重，有明显的肌纤维。适宜切丁、条，剁肉丸等，适合爆、溜、炒、炸等烹调方法或做汤菜。

④臀尖肉。臀尖肉肉质嫩，肥多瘦少。适宜凉拌、卤、腌，做汤菜，可烹制回锅肉等。

⑤盖板肉。盖板肉是连接秤砣肉的一块瘦肉，其肉质、用途基本同秤砣肉。

⑥后肘。后肘又名后蹄髈。质量较前肘差，其用途与前肘相同。

⑦黄瓜条。在门板肉的皮下脂肪处，呈长圆形，似黄瓜，质地细嫩，适宜溜、炒，用途同秤砣肉。

⑧后足。后足又名后蹄。质量较前蹄差，其用途与前蹄相同。

⑨猪尾。猪尾皮多、脂肪少、胶质差，多用于烧、卤、凉拌等。

4）牛肉的分档取料

牛肉在我国烹调中应用较广，以瘦肉多、纤维质细嫩著称。近几年来，牛肉越来越受到人们的欢迎。川菜中，有水煮牛肉、火边子牛肉等名菜。

牛肉的分档和用途大致与猪肉相仿，但由于有些部位的肉质与猪肉有所不同，因此，分档名称和用途也与猪肉有所不同。

（1）牛头

牛头皮、骨、筋多，肉少，一般用于酱制、卤制或凉拌。

（2）颈肉

颈肉肉质呈横竖状，宜制作肉馅。

（3）上脑

上脑是背部肌肉，宽且厚，呈长方形。短脑是上脑前部靠近肩胛骨之上的一块较短且稍呈方形的肌肉。有时两块肌肉连在一起统称上脑。上脑肌肉纤维平直细嫩，肉丝里含有微薄而均匀的脂肪，断面呈现出大理石的花纹，肉质酥松而富有弹力。烹调时宜熘、炒。

（4）前夹

前夹又称牛肩肉，包裹肩胛骨，筋多，宜酱、卤、焖、炖。前夹上有一块双层方片形肌肉，体厚、纤维细、无筋，习惯叫梅子头，相邻的一块纹细无筋的肉叫梅心，质地较好，适合爆、炒、烫。

（5）胸口

胸口肉在两腿中间，脂肪多，肉质粗，宜熘、炖、烧。

（6）肋条

肋条肉中有许多筋膜和脂肪，烹调时需要文火久炖，一般用作炖、烧。

（7）腿腱

腿腱是牛的四肢小腿肉，筋膜大，烹调时需文火焖烧，但时间不宜过久。如果与其他部位一起下锅，要掌握火候，应提前出锅以免散烂，腿腱常用来酱、卤、炖、烧。

（8）牛腩

牛腩在腹部内，俗称弓口、灶口，筋膜相间，韧性较强，宜制馅、清炖。

（9）扁肉

扁肉又名扁担肉。扁肉是覆盖腰椎的扁长形肌肉，肌肉纤维细长，质地紧密，弹性良好，没有筋膜和脂肪杂生其间，是一块质地细嫩的纯瘦肉，宜作熘、炒。

（10）牛柳

牛柳又称牛里脊，是牛肉中最为细嫩的肉，用手就可以撕碎，常用作氽、爆、炒、熘。

（11）三叉

三叉又称米龙、尾龙扒。肉质细嫩酥松，常用来熘、炒，文火焖烧，食用时会感到油、筋，肉滋润绵软、酥松、适口。

（12）黄瓜条

腿后外侧的一条长圆形的肌肉，叫黄瓜条。黄瓜条的肌肉纤维紧密，弹性良好，没有脂肪包裹，也没有筋膜间生，是选取瘦肉的主要部位，由于后腿肌肉很多，在销售时，都按自然形成的部位顺着间隔的薄膜进行分割。分割后的后腿，虽然肉质相同，但叫法却不一样。在内侧紧贴股骨纤维较细的圆形肌肉叫榔头肉（和尚头）。紧靠榔头肉的一块略呈淡黄色、体厚无筋的肌肉称仔盖。这几块肌肉瘦肉多，脂肪少，质地优良，烹调时宜作熘、爆、炒、烫。

（13）牛尾

牛尾肉肥美、最宜炖汤。

此外，牛腿的筋常干制为蹄筋，牛肝常用作卤制。牛肚（毛肚）、牛肚梁、牛腰、牛肝都是川味火锅中常用的原料。

[技能考核标准]

序号	考核细分项目	标准分数/分
1	掌握家禽、家畜原料分档取料的方法	70
2	了解鸡、猪、牛的肉质特点	30
合计		100

[任务考核标准]

项目	前置任务	技能	通用能力	小组互评	教师总评
分值	10	70	5	5	10

任务2　整料出骨

[前置任务]

①通过查找图片、观看视频，充分了解整料出骨的方法、意义和作用。
②掌握家禽类原料整料出骨的工艺流程。

[任务介绍]

为了烹制出用料精细、造型讲究、口感上乘的菜肴，往往将鸡、鸭、鱼等整形原料进行整料出骨。整料出骨就是指将整只原料中的全部骨骼或主要骨骼剔出，而仍保持原料原有的完整形态的一种加工技术。

①通过本次任务，掌握家禽整料出骨的方法。
②了解不同原料的整料出骨的方法。

[任务实施]

1）任务实施地点
教室、烹饪实训室。
2）理实一体化任务实施时间分配
①理论讲解（40分钟）。
②设备、原料准备（5分钟）。
③教师示范解说（40分钟）。

④学生实训（60分钟）。

⑤评价（10分钟）。

⑥打扫卫生（5分钟）。

[任务资料单]

1）整料出骨的作用

原料经整料出骨后体态柔软，不仅易于成熟入味，而且能够填充其他原料，制作出形态多样的象形菜肴。如葫芦鸭、八宝鸡、荷包鲫鱼等。

（1）易于成熟入味

整形原料由于含有很硬的骨骼，在烹调时会对热的传递和调味品的渗透产生一定的阻碍作用，特别是当其腹内瓤有原料时，成熟时间更慢，而且不易入味。因此，将其骨骼剔出，有利于其成熟入味。

（2）形态美观、食用方便

经整料出骨的鸡、鸭、鱼等原料，由于去掉了坚硬的骨骼，成为柔软的肉体，便于改造成多种形态，成为精美的象形菜肴，如八宝鳜鱼、金牛鸭、葫芦鸭等。成菜后无骨骼的影响，食用更加方便。

2）整料出骨的要求

（1）用料精细

作为整料出骨的原料，要求注重质地，必须选肥壮多肉，大小、老嫩适宜的原料。例如鸡应选生长约1年而尚未生蛋的母鸡，即俗称的仔母鸡；鸭应选用生长8个月左右的肥壮母鸭。这种母鸡、母鸭的质地既不老也不太嫩，皮肤的弹性、韧性都较好，去骨时不易碎，烹调时皮不易裂，鲜香味程度也高。又如鱼类也应选用500～700克重，并要求新鲜度高，肉质肥厚的鳜鱼、鲈鱼、黄鱼等。

（2）初加工符合条件

①鸡、鸭宰杀时必须放尽血液，以免皮肉遭其污染，导致色败，影响成菜质量。

②禽类宰杀后，烫毛的水温应适宜，时间上也要适当掌握，否则出骨时它的皮易破裂。鱼类在刮鱼鳞时不可破伤其皮，以免影响质量。

③整只原料出骨，均不剖腹取内脏。整料出骨的操作中，鸡、鸭可采用内脏随骨骼一同拉出的方法；鱼类可取出脊背后挖出内脏，也可从鳃骨处拉出内脏，再进行出骨。出骨下刀正确，不破损外皮。出骨时要熟悉其各部位的结构状况及部位特征，刀路正确并应紧贴骨骼进行剔剐，要求骨不带肉，不破损外皮，出骨过程中，注意刀刃、刀背、刀尖的结合运用，交叉变换，不能使肉上夹带碎骨，影响食用。

3）鸡的整料出骨

加工步骤：出颈骨→出翅骨→出躯干骨→出鸡腿骨→翻转鸡皮。

（1）划破颈皮，斩断颈骨

首先在鸡的颈部与肩交接的鸡皮上，直割约6厘米的刀口，并从刀口处将颈皮扳开，拉出颈骨，在靠近鸡头处将其斩断，刀不可划破颈皮。

（2）出前翅骨

从颈部刀口用手将皮肉翻开，连皮带肉用刀缓缓向下翻剥，直至露出前翅骨关节时，再用刀将连接的筋割断，使前翅骨与鸡身脱离。然后抽出鸡翅膀的左右臂骨及桡骨和尺骨，一一斩断。

（3）出躯干骨

把鸡竖放，将背部的皮肉外翻剥离至脊背中部后，再将鸡胸腹朝上置于菜板上，一手拉住颈部，一手按住鸡胸骨突起处，然后将皮肉再往下轻轻翻剥，如不易剥脱，可用刀在皮与骨间割离后再剥。剥至腿部时，双手各执一鸡腿，并用拇指扳着剥下的皮肉，将腿向背部慢慢扳开，露出腿关节，用刀将连接关节的筋割断，使后肢骨与鸡身脱离。再继续向下翻剥，直至肛门，割断尾椎骨，尾骨要连在鸡身上。取出鸡身骨头，再割断屎肠，洗清肛门处的粪便污秽。

（4）出腿骨

将大腿骨皮肉向下翻至关节外露，用刀将其筋络割断。继续向下翻剥，至接近小腿关节处一刀斩断，但不能斩断关节，以免漏馅。至此，已将全部鸡骨除尽。

（5）翻转鸡皮

鸡的骨骼去尽之后，仍将鸡皮向外，保持原有形态。

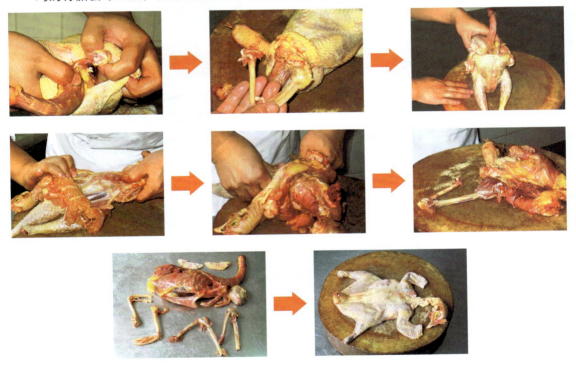

注：鸭的整料出骨与鸡相同。

4）鱼的整料出骨

加工步骤：出脊椎骨→出胸骨→出整骨→恢复原形。

①斩断前端脊骨。用刀跟将靠近鱼头一侧的脊骨斩断至鱼胸骨处。

②使鱼肉与脊骨相脱离。将鱼头朝内放在菜板上，左手按住鱼身，拇指用力卡住鱼的脊背，以便其背部肌肉绷紧，右手用刀尖在脊背尾部紧贴着鱼脊骨横片进去，从鱼尾一直用拉刀片到头骨处，然后左手稍微向下一按，脊背上的刀缝便张开，右手刀刃紧贴脊骨横片进鱼身，并由脊骨片到刺骨。将鱼翻面，用同样的方法将另一面的鱼肉与脊骨脱离。

③使鱼肉与胸骨相脱离。顺着刺骨片至胸骨，使鱼肉与胸骨脱离。

④斩断尾端脊骨，取出鱼骨。用刀将尾端鱼骨斩断，割断鱼肉与鱼骨的相连处，取出鱼骨。
⑤恢复原状。

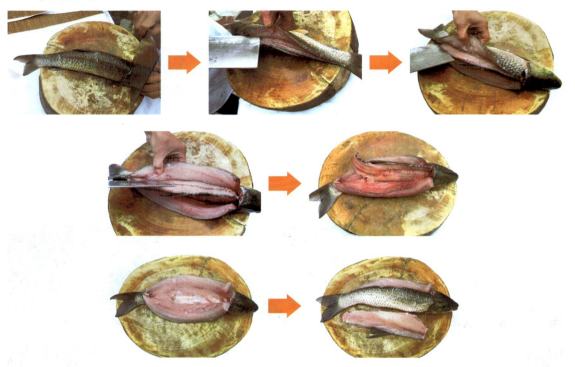

[技能考核标准]

序号	考核细分项目	标准分数/分
1	了解整料出骨的作用和要求	30
2	掌握鸡、鸭整料出骨的方法	70
合计		100

[任务考核标准]

项目	前置任务	技能	通用能力	小组互评	教师总评
分值	10	70	5	5	10

项目 4

火候与油温

[项目介绍]

通过本项目的学习，熟练地掌握火候的分类、油温的鉴别方法，不同烹调方法、不同原料在操作过程中应采用合适的火候、油温，最终能够制作出符合要求的菜品。

任务1　火候

[前置任务]

①通过查找图片、观看视频，充分了解火力的分类、鉴别方法、适用范围。

火力分类	鉴别方法	适用范围
微火		
小火		
旺火		
中火		

②了解各种火候使用的原则。

[任务介绍]

　　火候是指在烹调过程中所用火力的大小和加热时间的长短。在整个菜肴烹调过程中，火候掌握是否得当，对菜肴的质量有着决定性的作用。由于原料的性质不同，形状大小各异，因此要采用不同的火力运用不同的烹调方法，才能烹制出不同的菜肴。本任务中，教师先通过理论讲授使学员了解基本的火候知识，再带领学员进入烹饪实训室对火候进行实际的操作与认识，最终掌握本次课程的主要内容。

　　①通过本次任务，掌握火力大小的鉴别。

　　②掌握不同火力的适用范围。

　　③了解火候的使用原则和控制火候的操作方法。

[任务实施]

　　1）任务实施地点

　　教室、烹饪实训室。

　　2）理实一体化任务实施时间分配

　　①理论讲解（40分钟）。

　　②设备、原料准备（5分钟）。

　　③教师示范解说（10分钟）。

　　④学生实训（15分钟）。

　　⑤评价（5分钟）。

　　⑥打扫卫生（5分钟）。

[任务资料单]

1）火力的分类

（1）微火

微火是一种最小的火，特点是有火无焰，火红而无力，供热微弱。适用于加热时间长的烹调方法，如熬汤、炖、煨、焖等。

（2）小火

小火火力较小，火焰细弱而摇晃，并呈青绿色，光质暗淡，热气较小。一般用于较长时间加热的烹调方法，如烧、煨、炖、焖等。

（3）旺火

旺火又称武火、急火。火焰强而集中，火光耀眼明亮，呈黄白色，辐射强，热气逼人，发热量大，适用快速成菜的烹调方法，如炒、爆、炸、蒸等。

（4）中火

中火介于旺火和小火之间，火力较分散，火焰呈红色，光度较亮，发热量较大，热气较大，辐射较强。用于较慢的烹调方法，如卤、烩、煎、干烧、干煸等。

2）火力种类对比表

火力种类	鉴别方法	适用范围
微火	火无焰，火红而无力，供热微弱	熬汤、炖、煨、焖等
小火	火焰细弱而摇晃，并呈青绿色，光质暗淡，热气较小	烧、煨、炖、焖等，能使原料形整不烂，软糯入味，鲜香不腻
旺火	火焰强而集中，火光耀眼明亮，呈黄白色，辐射强，热气逼人，发热量大	炒、爆、炸、蒸等，能使成菜细嫩、香酥、松脆
中火	火力较分散，火焰呈红色，光度较亮，发热量较大，热气较大，辐射较强	卤、烩、煎、干烧、干煸等，能使菜肴熟软、细嫩、鲜香入味

3）火候的使用原则

（1）根据烹调方法正确使用火候

不同的烹调方法，对火候要求不同，有的需要旺火，有的需要中火，有些需微火，有的甚至要两种或三种火力交叉使用。如加热时间短的炒、爆、炸等，烹调方法就要用旺火，而烧类菜肴先用旺火烧沸，再用小火至软熟，用中火收汁浓味。因此，火候的使用要符合烹调方法的需要，并在运用中灵活掌握。

（2）根据原料的需要正确使用火候

各种原料的性质、特点各不相同，在菜肴的制作过程中，所选用的烹调方法也不相同，如质地细嫩的原料在成菜时为保持原料的特点，就应该用爆、炒等加热时间短的烹调方法，所用火力就应该采用旺火；质老韧的原料，需长时间加热才能达到软烂，就应该采用加热时间长的炖、煨等烹调方法，所用火力则是小火、微火。因此，烹调时根据原料性质所用火力大小和加热时间长短各异。

（3）根据原料形状正确使用火候

原料的形状是根据菜肴质量的要求在刀工阶段来实现的，掌握火候则是根据原料的质地、形状的大小采取相应的火力。体大不易成熟的加热时间长些，体小片薄的加热时间短、

火力要旺。
　4）控制火候的操作方法
①烹调器具移动法。在烹调时，如需加热，将锅端上灶台；如需降温，将锅端离火口。
②主火副火换位法。
③启动能源开关控制火力大小。

[技能考核标准]

序号	考核细分项目	标准分数/分
1	掌握火力大小的鉴别方法	40
2	掌握不同火力的适用范围	30
3	了解火候的使用原则和控制火候的操作方法	30
	合计	100

[任务考核标准]

项目	前置任务	技能	通用能力	小组互评	教师总评
分值	10	70	5	5	10

 任务2　油温

[前置任务]

①通过查找图片、观看视频、现场操作，充分了解油温的分类、鉴别方法和适用范围。

油温分类	鉴别方法	适用范围
冷油温		
低油温		
中油温		
高油温		
极高油温		

②熟练掌握各种油温的控制方法。

[任务介绍]

对于油温的识别，除了利用一些仪器以外，厨师们一般根据自己的经验对油温进行鉴别，他们大多把油加热时的状态及投料后的反应与油温联系起来。大量的经验发现，油的种类、数量，不同的加热方式，火力的大小等是影响油加热时状态的主要因素。

①通过本次任务，基本了解油温的分类。

②掌握各类油温的特性及用途。

③熟练掌握油温的控制方法。

[任务实施]

1）任务实施地点

教室、烹饪实训室。

2）理实一体化任务实施时间分配

①理论讲解（40分钟）。

②设备、原料准备（5分钟）。

③教师示范解说（10分钟）。

④学生实训（15分钟）。

⑤评价（5分钟）。

⑥打扫卫生（5分钟）。

[任务资料单]

1）油温的分类

（1）冷油温

油温一至两成，锅中油面平静。适合油酥花生、油酥腰果等菜肴的制作。

（2）低油温

油温三至四成，油面平静，面上有少许泡沫，略有响声，无青烟。适合干料涨发、滑熘、滑炒、松炸等菜肴的制作。具有保鲜嫩、除水分的功能。

（3）中油温

油温五至六成，油面泡沫基本消失，搅动时有响声，有少量的青烟从锅四周向锅中间翻动。适合炸、炒、烩等菜肴的制作。具有酥皮增香、原料不易碎烂的作用。

（4）高油温

油温七至八成，油面平静，搅动时有响声，冒青烟。适合炸、油爆、油淋等菜肴的制作。下料见水即爆，水分蒸发迅速，原料容易脆化。

（5）极高油温

油温九成左右，适合炸、油淋等菜肴的制作。由于油的高温劣变，产生有毒物质，有害人体健康，营养成分破坏，因此不提倡使用此温度的油温制作菜肴。

2）油温的控制

油温的控制，除了要准确地鉴别油温外，还需要根据火力的大小，原料的性质、形状、数量，油的种类、数量、使用次数灵活掌握。

（1）根据火力大小调控油温

在旺火情况下，原料下锅时油温应低一些；在中小火情况下，原料下锅时油温应高一些。

（2）根据原料的性质和形状大小来调控油温

质地较老的原料下锅时油温应该高一些，质地较嫩的原料下锅时油温应低一些。含水量较多的原料下锅时油温应高一些，含水量较少的原料下锅时油温应低一些。较大的原料下锅时油温应高一些，反之形状较小的原料下锅时油温应低一些。

（3）根据投放的原料多少和油量来调控油温

油量少原料多时油温应高一些，油量多原料少时油温应低一些。

（4）根据油的性质来调控油温

油的精炼程度、油的种类、油的使用次数、油的含水量及杂质也是影响油温的一个原因。

[技能考核标准]

序号	考核细分项目	标准分数/分
1	掌握油温的鉴别方法	40
2	熟悉油温的适用范围	30
3	熟练掌握油温的控制方法	30
合计		100

[任务考核标准]

项目	前置任务	技能	通用能力	小组互评	教师总评
分值	30	50	5	5	10

项目 5

原料的初步熟处理

[项目介绍]

　　原料的初步熟处理是指将经过加工的烹饪原料，用水、汽、油等传热介质，使其初步断生，达到一定成熟度的过程。初步熟处理可分为焯水、过油、汽蒸、走红。

　　初步熟处理可使植物性原料色泽鲜艳、质感脆嫩；可使动物性原料去除异味及血污；可调整和缩短正式烹调的时间；可使需要上色的原料上色；可便于成形。

 **任务1 焯水**

[前置任务]

通过查阅资料、观看视频，了解焯水的分类和作用。

[任务介绍]

焯水又称飞水、出水，在四川则称之为泹。焯水是指以水作为传热介质，将初加工的原料放在水中加热至半熟或全熟，以便进一步烹调和调味。焯水应用广泛，大部分的蔬菜和带有腥膻异味的肉类原料都可以使用焯水，以更好地达到烹调的要求。

①通过本次任务，熟悉焯水的作用。

②通过本次任务的学习，可以根据不同原料选择合适的焯水方法。

③掌握焯水的关键点。

[任务实施]

1）任务实施地点

教室、烹饪实训室。

2）理实一体化任务实施时间分配

①理论讲解（40分钟）。

②设备、原料准备（5分钟）。

③教师示范解说（10分钟）。

④学生实训（15分钟）。

⑤评价（5分钟）。

⑥打扫卫生（5分钟）。

[任务资料单]

1）焯水的分类

（1）沸水焯

沸水焯比较适合植物性原料，许多植物性原料需保持鲜艳的色泽、脆嫩的口感、内部的水分。采用沸水焯可以缩短植物性原料的焯水时间，也可以使原料内色素不过多流失从而更大限度地保持原料本身的鲜亮光泽，避免原料变得绵软。同时加热时间偏长，原料内的维生素及其他营养物质也容易遭到破坏。另外，沸水焯也适合一些血污及异味较少的动物性原料，如鱼片、肉片、虾类原料等。

在沸水焯时一定要注意水多火旺，且一次下料不宜过多，否则过多的原料一次性下入水中温度会迅速下降，从而延长原料焯水的时间，达不到应有的效果。沸水焯的原料在下入锅中应尽量减少焯水的时间，如绿叶蔬菜，长时间的焯水会导致蔬菜变色，不能保持原有的光泽，影响成菜的效果。

（2）冷水焯

冷水焯是指将原料和冷水一起下锅加热而进行的初步熟处理。

冷水焯适用于动物性原料，如果将动物性原料采用沸水焯的方法，在原料下锅后原料表面会因骤受高热作用，其蛋白质凝固而收缩，这样就会使原料内部的血污不易排出而影响半成品的质量。

2）焯水的作用

（1）使原料色泽艳丽、质感脆嫩

很多蔬菜含有较多的叶绿素，在经过焯水后颜色变得更加碧绿艳丽，富有光泽，如叶菜类中的青菜、茼蒿，茎菜类中的芦笋等。

（2）去除原料的异味及血污

有些植物性原料也含有异味，如竹笋、苦瓜，通过焯水可减轻或去除。动物性原料通过焯水可去除血污及腥膻异味，如猪、牛等动物的内脏异味较重，通过焯水可去除部分异味。

（3）可以缩短正式的烹调时间

通过焯水，可以使原料成为半熟的半成品，在正式烹调时所需时间就可以大大缩短，如烧什锦中的猪肚、猪舌等原料。

（4）可以使各种不同性质的原料成熟时间趋于一致

各种原料性质不同，成熟加热的时间也不尽相同，如动物性原料一般加热成熟时间偏长，植物性原料一般加热成熟时间偏短。一份完整的菜肴一般需要两种或两种以上的原料组合而成，不同原料不同质地，所需加热时间也不尽相同，如将不同的原料同时加热，就会形成一部分原料成熟度恰到好处而另一部分原料半熟或过熟，从而导致整个菜肴达不到应有的效果。通过焯水，可以把成熟时间较长的原料提前加热，这样可以调整各种原料的成熟度，在正式烹调时各种原料能够基本同时成熟。

（5）可以使原料便于切配成形

有些原料在生料时质地松软较难切配，通过焯水处理后就比较容易改刀，如牛肉、动物内脏等。

3）焯水的关键点

①避免原料之间串色、串味。在焯水过程中应避免植物性原料和动物性原料、有色原料和无色原料、异味较重的原料和无异味的原料共同焯水，防止原料在焯水过程中串色、串味。

②原料在焯水时要勤于翻动，使之受热均匀。

③根据原料的大小、质地、成菜的要求等灵活掌握焯水的时间和火候。

[技能考核标准]

序号	考核细分项目	标准分数/分
1	熟悉焯水的作用	30
2	根据不同原料选择合适的焯水方法	40
3	掌握焯水的关键点	30
	合计	100

[任务考核标准]

项目	前置任务	技能	通用能力	小组互评	教师总评
分值	10	70	5	5	10

任务2 过油

[前置任务]

通过查阅资料、观看视频，了解什么是过油、过油的作用及过油的分类。

[任务介绍]

过油是指用油作为传热介质，对原料进行初步熟处理的方法。

①通过本任务的学习，能够掌握过油的分类。

②熟悉过油的作用。

③掌握过油的关键点。

[任务实施]

1）任务实施地点

教室、烹饪实训室。

2）理实一体化任务实施时间分配

①理论讲解（40分钟）。

②设备、原料准备（5分钟）。

③教师示范解说（40分钟）。

④学生实训（60分钟）。

⑤评价（10分钟）。

⑥打扫卫生（5分钟）。

[任务资料单]

1）过油的分类

（1）滑油

滑油又称拉油、划油，多适用于在自然形态下的原料或经过刀工处理后形态较小的原料，油温一般在五成热以下。

滑油前，大部分原料需要上浆，上浆后原料可不与油直接接触，以避免原料内部的水分渗透出原料，从而保持原料的滑嫩程度。一般炒、熘、烩等烹调方法下的原料适合滑油，如芙蓉鸡片、青椒肉丝等。

（2）走油

走油又称油炸。油温一般在七成热左右，一般适合体形较大的原料，如块、厚片、大条等。走油前需要焯水或汽蒸的方法先行处理，走油多适合蒸、焖、烧、扒、煨等烹调方法的菜肴，如德州扒鸡、红枣煨肘等菜肴。

2）过油的作用

①可以缩短原料正式加热的时间。

②过油可以使原料外酥脆内滑嫩或柔软。

③保持和增加原料的鲜艳色泽，如虾、蟹过油后表面会变红。

④能使原料散发出香味。原料在下入200 ℃以上的油中能迅速减少内部和表面的水分，使原料内的酮、醇、酚等有机物散发出来，使油分子渗透到原料内部，给缺少脂肪的原料增加酯香气。

⑤能够去除原料的异味并起到杀菌消毒的作用。

3）过油的操作关键点

①在过油过程中注意油锅中的油爆，防止烫伤。

②过油时油量要多，以达到淹没原料为度。

③原料应分散下锅，如丁、丝、片、条等小型原料，下锅时划散，避免粘连，应掌握好划散的时机，过迟原料会相互粘连，过早会破坏原料上的浆料。

④根据原料的大小、质地、成菜的要求合理掌握好油温。

[技能考核标准]

序号	考核细分项目	标准分数/分
1	掌握过油的分类	40
2	熟悉过油的作用	30
3	掌握过油的关键点	30
	合计	100

[任务考核标准]

项目	前置任务	技能	通用能力	小组互评	教师总评
分值	10	70	5	5	10

 **任务3 走红**

[前置任务]

通过查阅资料、观看视频，了解什么是走红、走红的作用及走红的分类等。

[任务介绍]

走红是指将经过加工的生料或已焯水、汽蒸的原料，放入有色调味汁中卤制上色，或涂上有色调料经过油使之上色的方法，如东坡肘子、咸烧白等。

①通过本任务的学习，掌握走红的分类。

②熟悉走红的作用。

③掌握走红的关键点。

[任务实施]

1）任务实施地点

教室、烹饪实训室。

2）理实一体化任务实施时间分配

①理论讲解（40分钟）。

②设备、原料准备（5分钟）。

③教师示范解说（40分钟）。

④学生实训（60分钟）。

⑤评价（10分钟）。

⑥打扫卫生（5分钟）。

[任务资料单]

1）走红的分类

（1）卤汁走红

卤汁走红是指将经过焯水等处理的原料放在事先调好的有色汤汁中，先用大火将汤烧沸，再用小火加热到原料色泽红润的烹调方法，如卤猪蹄、卤鸡脚、卤鸡翅等。

（2）过油走红

过油走红是指以油为传热介质，在原料表面涂上有色调料或经油炸具有上色功能的原料，如酱油、糖色、饴糖、蜂蜜等，再经过油炸或油煎使之上色，如制作脆皮乳鸽、龙眼烧白等菜肴。

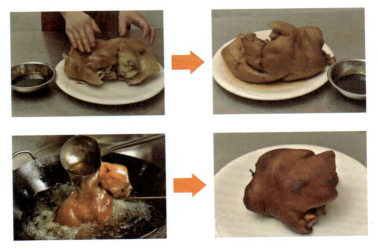

2）走红的作用

①能使原料入味增色。走红后的原料绝大多数呈枣红色且有光泽，如采用卤汁走红，原料就会更加入味。

②能够去除原料的异味。

③能够缩短原料正式加热的时间。

3）走红的关键点

走红适用于烧、扒、蒸、煨、卤、焖等烹调方法，适用于体形较大的动物性原料，如猪肘、猪蹄、整块五花肉等。

①卤汁走红应采用小火加热。采用卤汁走红时，水烧沸后，改为小火，让卤汁中的色泽及味道慢慢地渗透到原料的表面及内部，达到走红的效果。

②注意原料的色泽。走红的原料，最终色泽应该红润光亮，用于上色的调料必须抹均匀，用水稀释的调料必须掌握好浓度，过浓或过稀都会影响到原料的色泽。

③卤汁走红防止原料烧焦或粘锅底。富含胶质的原料采用卤汁走红时应在锅底垫竹箅等物品，以防止原料在加热过程中粘在锅底或烧焦。

④过油走红防止油溅起烫伤。

⑤合理掌握加热的火候及油温。卤汁走红时，先采用大火将汤汁烧沸，再改用小火慢煮上色入味。过油走红应根据原料的大小、性质、成菜要求合理掌握油温的高低和炸制的时间。

[技能考核标准]

序号	考核细分项目	标准分数/分
1	掌握走红的分类	40
2	熟悉走红的作用	30
3	掌握走红的关键点	30
	合计	100

[任务考核标准]

项目	前置任务	技能	通用能力	小组互评	教师总评
分值	10	70	5	5	10

 **任务4 汽蒸**

[前置任务]

通过查阅资料、观看视频，了解什么是汽蒸、汽蒸的作用及汽蒸的分类等。

[任务介绍]

汽蒸是指利用水蒸气作为传热介质对原料进行初步熟处理的方法。

①通过本任务的学习，能够灵活运用汽蒸这一方法。

②熟悉汽蒸的作用。

③掌握汽蒸的关键点。

[任务实施]

1）任务实施地点

教室、烹饪实训室。

2）理实一体化任务实施时间分配

①理论讲解（40分钟）。

②设备、原料准备（5分钟）。

③教师示范解说（40分钟）。

④学生实训（60分钟）。

⑤评价（10分钟）。

⑥打扫卫生（5分钟）。

[任务资料单]

1）汽蒸的分类

汽蒸多适用于体积较大，韧性较强，结构组织紧密，不易熟烂的原料，如鱼翅、干贝、香芋等。汽蒸一般分为旺火沸水长时间蒸制和中小火徐缓蒸制。前者多用于干料涨发，后者多适用于不耐高温、细嫩易熟的原料，如蒸鸡蛋等。

2）汽蒸的作用

①保持原料的完整性。由于汽蒸时原料内部水分不易外溢且所受外界翻转较少，其形状就不易发生变化，如鱼翅、干贝、整鸡鸭、肘子等原料常采用汽蒸进行初步熟处理。

②可以加快原料的成熟时间。

③可以避免原料营养物质的流失。由于采用汽蒸的方法原料水分不易外溢，原料中的水溶性物质流失就会较少，其营养成分损失也会较少，能最大限度地保持原料的固有风味。

3）汽蒸的关键点

（1）掌握好火候

根据原料的质地老嫩、体形大小、分量多少、成菜要求，合理掌握汽蒸的火力大小和时间长短，提早出笼则原料未熟，延迟出笼则原料过于烂软。

（2）注意蒸箱的水量是否充足

水量充足则蒸汽强，蒸制原料才能达到成菜的要求。

（3）注意装笼顺序

如采用蒸笼蒸制原料，应将易熟的原料放上面，难熟的放下面，这样便于出笼。同时加工有异味和无异味的原料时，应将有异味的原料放上面，无异味的原料放下面，以防串味。

[技能考核标准]

序号	考核细分项目	标准分数/分
1	能够灵活运用汽蒸这一方法	40
2	熟悉汽蒸的作用	30
3	掌握汽蒸的关键点	30
	合计	100

[任务考核标准]

项目	前置任务	技能	通用能力	小组互评	教师总评
分值	10	70	5	5	10

项目 6

上浆、挂糊、勾芡、拍粉

[项目介绍]

通过本项目的学习，能够掌握上浆、挂糊、勾芡、拍粉的工艺流程及操作要领，掌握各种糊的种类、调制方法、适用范围。

任务1　上浆

[前置任务]

通过查阅资料、观看视频，了解上浆的作用、调浆的原料、浆的种类。

[任务介绍]

上浆又称抓浆、吃浆，广东称上粉，是指在经过刀工处理的原料表面黏附一层薄薄的浆液，使原料在加热过程中起到对水分和呈味物质的保护作用。

①通过本任务的学习，能够熟悉上浆的作用。

②掌握浆的种类。

③调制出各种浆。

[任务实施]

1）任务实施地点

教室、烹饪实训室。

2）理实一体化任务实施时间分配

①理论讲解（40分钟）。

②设备、原料准备（5分钟）。

③教师示范解说（40分钟）。

④学生实训（60分钟）。

⑤评价（10分钟）。

⑥打扫卫生（5分钟）。

[任务资料单]

1）浆类的调制原料

浆的主要原料有淀粉、鸡蛋、水等。

2）上浆的程序与方法

（1）码味

将精盐添加在原料中，搅拌均匀至肌肉表面有黏滑感。

（2）调浆

用淀粉、水（或鸡蛋）等原料调匀成浆。

（3）搅拌

将码味好的原料放置于调好的浆液中，通过顺方向搅拌，使浆液充分均匀地黏附在原料上，在搅拌过程中，应对不同原料采用不同的力度和搅拌时间。

一般来说，鱼肉易断裂，搅拌时不能用力过猛，防止破碎。禽、畜类肌肉含水较少，需要在上浆前加入适量的清水让其吸收。值得关注的是，在原料上浆时如果搅拌不充分，浆液就不能均匀牢固地黏附在原料表面，在放入油锅中加热时浆液就容易脱入油中，造成上浆失败。

（4）静置

原料经上浆后需要静置一段时间，主要是因为上浆的原料在搅拌后分子处于不稳定的状态。将上好浆的原料静置1～2小时，原料内的分子趋于稳定，且原料表面发生凝结，能够阻止原料内水分子在加热过程中外溢，最大限度地保持原料的滑嫩。

（5）润滑

适当加入一些油脂到静置好的原料中，有利于原料在滑油时迅速分散，受热均匀，并对原料成熟时的光泽度和润滑性有一定的增强作用。

3）浆的种类

（1）水粉浆

①主要原料：淀粉、水。

②调制方法：将主料用精盐、料酒腌制入味，再加水、淀粉调匀黏裹于原料之上。

③用料比例：原料500克，淀粉50克，清水等适量。

④适用范围：肉片、鸡丁、肝片等，适合炒、爆、熘等烹调方法。

⑤成菜特点：质地滑嫩。

关键点：上浆前必须先进行基础调味，再加水和淀粉，调匀抓透。上浆的浓稀程度要控制好。

（2）蛋清浆

①主要原料：淀粉、鸡蛋清。

②调制方法：将主料用精盐、料酒腌制入味，再加鸡蛋清、淀粉调匀黏裹于原料之上。

③用料比例：原料500克，淀粉40克，鸡蛋清80克。

④适用范围：肉丝、鸡丝等，适合熘、炒、爆等烹调方法。

⑤成菜特点：柔滑软嫩，色泽洁白。

关键点：上浆前必须先进行基础调味，再加入鸡蛋清和淀粉，调匀抓透，蛋清和淀粉比例应把握准确。上浆的浓稀程度控制好。

4）上浆的作用

①保持原料中的水分和美味，使其内部鲜嫩，外部柔滑。

②保持原料的固有形态。

在进行烹调时，由于原料受到温度的影响会发生失水变形等一系列的变化，在表面黏裹上一层浆可以减少原料形态的变化，提高菜肴的质量。

③保持原料的营养成分。鸡、鱼、肉等原料如果直接下油锅进行烹调，其中所含的蛋白质、脂肪、维生素等营养成分都会遭到破坏，降低原料的营养价值。如果在这些原料的表面黏裹上浆液，营养成分的破坏就会大大减少。

5）上浆的操作要领

（1）灵活掌握各种浆的使用

根据原料的不同质地、不同的烹调手段以及成菜后要达到的色泽，合理选择浆类的使用。例如，在牛肉的烹调中，根据牛肉的质地可以选择使用苏打粉浆。又如，在鲜熘类菜肴中，因成菜要求色泽洁白可以选用蛋清浆。

（2）合理掌握各种浆的浓度

根据原料的质地、烹调的要求合理调整浆类的浓度。质地较老的原料由于本身含水量较少，可以适当将浆调得稀一些。较嫩的原料因其本身含水量较多，且在烹调过程中有出水的现象，可把浆调制得浓稠一些。

（3）必须使原料吃浆上劲

在上浆过程中，一般采用搅、拌、抓的方法。一方面，使浆液充分地渗透到原料组织中，达到吃浆的目的；另一方面，提高浆液的黏度，使其牢牢地黏裹于原料之上，达到上劲的目的，避免在烹调中原料出现脱浆的现象，影响成菜质量。

[技能考核标准]

序号	考核细分项目	标准分数/分
1	熟悉各种原料、各类菜肴应上何种浆	30
2	能够熟练调制出各种浆	40
3	能够掌握在上浆的各项操作要领	30
合计		100

[任务考核标准]

项目	前置任务	技能	通用能力	小组互评	教师总评
分值	10	70	5	5	10

 **任务2** **挂糊**

[前置任务]

通过查阅资料、观看视频，了解挂糊的作用、调糊的原料、糊的种类。

[任务介绍]

挂糊，行业称着衣，是根据菜肴的质量标准，在经过刀工处理的原料表面，适当地挂上一层黏性粉糊的工艺流程。挂糊和上浆的原料基本相同，但挂糊所用的糊浓度较大，操作时必须先用制糊原料调制成黏稠状的糊，然后把欲烹制的原料浸入糊中拖过，用糊将原料全部包裹起来。挂糊后的原料应立即进行加热处理，否则会脱糊使原料包裹不均匀，影响成菜的效果。挂糊选择的原料比上浆选择的原料更广，除动物性原料外，还可以选择蔬菜、水果等，如鱼肉、猪肉、苹果、香蕉等。挂糊的原料一般适合炸、熘、煎、贴等烹调方法，如炸酥肉、糖醋脆皮鱼、脆炸牛奶、拔丝香蕉等。

①通过本任务的学习，能够掌握挂糊的作用。
②熟悉糊的种类。
③能够调制出各种不同的糊。

[任务实施]

1）任务实施地点
教室、烹饪实训室。
2）理实一体化任务实施时间分配
①理论讲解（40分钟）。
②设备、原料准备（5分钟）。
③教师示范解说（40分钟）。
④学生实训（60分钟）。
⑤评价（10分钟）。
⑥打扫卫生（5分钟）。

[任务资料单]

1）糊类的调制原料

糊类的调制原料主要有淀粉、鸡蛋、水、面粉、油脂、膨松剂。

2）糊的种类

（1）水粉糊

①主要原料：水100克，淀粉200克。

②调制方法：将水加入淀粉中，调成较为浓稠的糊状即可。

③适用范围：适合使用炸、焦熘等烹调方法，如糖醋里脊、糖醋脆皮鱼等。

④特点：菜肴干酥香脆，色泽金黄。

（2）蛋清糊（又叫卵白糊）

①主要原料：鸡蛋清100克，淀粉或面粉100克，水等适量。

②调制方法：打散的鸡蛋清加入适量的淀粉调和均匀。

③适用范围：一般用于条、块等形状，多用于软炸、拔丝等烹调方法，如软炸鱼条等。

④特点：使菜肴外松脆，里鲜嫩，色淡黄。

（3）全蛋糊

①主要原料：淀粉或面粉100克，全蛋液100克。

②调制方法：将调散的全蛋糊放入淀粉中，搅拌均匀即可。

③适用范围：多用于炸及炸熘菜肴的制作，如炸里脊等。

④特点：使菜肴外酥脆，内松嫩，色泽金黄。

（4）蛋泡糊（又叫高丽糊、雪衣糊）

①主要原料：淀粉100克，鸡蛋清200克。

②调制方法：将鸡蛋清顺一个方向搅打，打至起泡，筷子在鸡蛋清中竖立不倒为止，然后加淀粉拌匀成糊。

③适用范围：一般适合松炸的菜肴，如雪衣大虾等。

④特点：使菜肴外形饱满，松而嫩，色泽洁白如玉。

（5）脆皮糊

①主要原料：面粉100克，淀粉40克，发酵粉2克，泡打粉2克，油脂30克，水等适量。

②调制方法：干酵母用少许水稀释后，加入面粉、淀粉、水等调成糊状，静置一段时间进行发酵。

③适用范围：一般用于脆炸类菜肴，如脆炸牛奶、脆炸明虾等。

④特点：菜肴外松脆，内柔嫩，形态饱满，色泽金黄。

3）挂糊的操作要领

（1）灵活掌握各种糊的浓度

根据原料的质地、原料的烹调要求以及成菜后要达到的色泽，合理选择糊类的使用。

（2）正确掌握各种糊的调制方法

在制糊过程中，必须掌握先慢后快、先轻后重的原则。

（3）根据菜肴主配料的特点合理选择糊的种类

菜肴颜色为白色时，必须选择鸡蛋清作为糊液的辅助原料。需要菜品颜色金黄、棕黄时可以选择全蛋液或蛋黄作为糊液的辅助原料。

[技能考核标准]

序号	考核细分项目	标准分数/分
1	熟悉各种原料、各类菜肴应上何种糊	30
2	能够熟练调制出各种糊	40
3	能够掌握在挂糊中的各项操作要领	30
	合计	100

[任务考核标准]

项目	前置任务	技能	通用能力	小组互评	教师总评
分值	10	70	5	5	10

任务3 勾芡

[前置任务]

通过查阅资料、观看视频，了解勾芡的作用、勾芡的原料、芡汁的种类。

[任务介绍]

勾芡，又称着芡、打芡、拉芡等，是指根据菜肴的特定要求，在菜肴即将成熟起锅前，向锅内加入粉汁，使菜肴汤汁具有一定浓稠度的工艺流程。勾芡是烹制菜肴的基本功之一，勾芡是否恰当，对菜的色、香、味影响很大，也是决定菜肴质量的重要因素。

①通过本任务的学习，学生能够熟悉勾芡的作用。

②能够掌握芡汁的种类。

③能够调制出各种芡汁。

[任务实施]

1）任务实施地点

教室、烹饪实训室。

2）理实一体化任务实施时间分配

①理论讲解（40分钟）。

②设备、原料准备（5分钟）。

③教师示范解说（40分钟）。

④学生实训（60分钟）。

⑤评价（10分钟）。

⑥打扫卫生（5分钟）。

[任务资料单]

1）芡汁的种类

按芡汁的浓度划分，可以分为薄芡和厚芡。其中，薄芡又分为流芡和米汤芡（奶汤芡），厚芡又可以分为糊芡和包芡。

（1）流芡

流芡一般适用于烧、熘、扒等菜肴，芡汁较稠但是仍可流动。这些芡汁一部分黏裹于原料之上，一部分能够在盘内流动，如白汁鳜鱼、红烧肘子等。

（2）米汤芡

因汤汁如米汤而得名，多用于汤汁较多的烩菜，如酸辣汤、烩三鲜等。

（3）糊芡

糊芡是指勾芡之前汤汁较多，勾芡后汤汁呈糊状的一种厚芡，所用的淀粉量较大，多用于糊菜和羹菜，如蟹黄豆腐羹等。

（4）包芡

包芡是指勾芡之前锅内汤汁较少，勾芡后大部分或所有汤汁都黏裹于原料之上，芡汁的浓度很大，菜肴吃完后基本上看不见汤汁，多用于爆、炒类菜肴，如火爆腰花等。

2）粉汁的调制及勾芡的操作方法

（1）水粉汁

用淀粉加水调匀但不加调料的粉汁。这种粉汁的适用范围很广，主要用于烧、扒、焖、烩等烹调方法。由于这些菜肴在烹调中主要以水为传热介质，加热时间较长，在加热过程中有时间将调味品逐一投放，使原料入味，因此，在烹调中可以将调味品预先加入，待菜肴口味确定，即将成熟起锅时，放入水粉汁。

勾芡的操作方法：将水粉汁慢慢地浇入或淋入锅中，另用炒勺轻轻推动，使淀粉成熟均匀糊化。

（2）混合粉汁

混合粉汁是指在烹调前（或烹调中）先把某个菜肴所需要的各种调味品、淀粉、水一起放入碗中调好的粉汁，主要用于炒、爆、熘等烹调方法。因为这类菜肴在烹调过程中多采用旺火

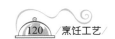

快速成菜，如果将调味品逐一加入势必会影响菜肴的成菜速度，而且口味也不易把握准确，而采用混合粉汁勾芡的方法则解决了这些问题，将调味品预先和粉汁勾兑完成，并尝准味道，菜肴成熟前一并投入，就能够达到又好又快的要求。

勾芡的操作方法：

①拌汁芡。将兑好的混合粉汁倒入正在加热的菜肴之中，不停翻炒原料，使芡汁将原料黏裹。一般适合滑炒、滑溜、油爆等旺火成菜的菜肴。

②淋汁芡。将兑好的混合粉汁倒入底油锅中加热，待汁起泡之后，将芡汁淋在过油后的原料之上。一般适合形状较大的不便于在锅中翻拌的菜肴。

③卧汁芡。将兑好的混合粉汁倒入底油锅中加热，待汁起泡之后，放入过油的原料，翻拌，使芡汁黏裹于原料之上。适合质地柔软不适宜在锅中久翻的菜肴。

3）勾芡的作用

（1）增加菜肴的色泽

由于淀粉在受热变黏后会产生一种特有的光泽感（旋光性），能够把菜肴原料的颜色和调味品的颜色更加鲜明地反映出来，从而增加菜肴的光泽度。

（2）具有保持菜肴温度的作用

在烹调过程中，勾完芡的菜肴芡汁均匀地黏裹于原料表面之上，在菜肴表面形成一种保护膜，能够较长时间延缓菜肴热量的散发，起到保温的作用。

（3）使汤汁浓稠

在菜肴烹制时一般会在烹调过程中加入一些鲜汤、水或液体调味料，原料受热之后本身的水分也会流出来，这些汁水就形成了菜肴的汤汁。由于汤汁浓度较低而不能黏裹于原料之上，往往给人一种没有味道的感觉。这时就可以向汤汁中勾入适量的淀粉，淀粉加热糊化后就会变得较为浓稠，这些汤汁就可以黏裹于原料之上，汤汁的滋味也能充分被原料所吸收，这样菜肴吃起来就会更加鲜美。

（4）减少营养成分的损失

在烹调中，原料里的很多营养成分都会溶入于汤汁之中，通过勾芡的方法，随着淀粉的糊化，汤汁就会变得浓稠黏附于原料的表面上，人们将原料和汤汁一起食用，使汤汁中的营养成分得到最大限度的利用，减少营养的损失。

（5）具有保护原料质地的作用

菜肴的芡汁充分黏裹于原料的表面，可以防止原料水分的溢出，保证菜肴滑嫩的口感，使原料的形状饱满而不容易破碎。

（6）突出菜肴的风格

在菜肴的烹调过程中，通过勾芡的技术，可以提高汤汁的浓度，突出原料的位置和菜肴的风格。

4）勾芡的操作要领

（1）掌握好勾芡粉汁的浓度和用量

在烹调中，勾芡所用粉汁的浓度和用量要根据原料的多少与种类而定。

（2）恰当控制勾芡时的火候

在勾芡的过程中，当粉汁加入锅内，锅内的菜肴温度就会降低，为了使淀粉达到糊化就必须提高锅内的温度，因此，当粉汁倒入锅内时，应及时升温，并用炒勺进行翻拌，使粉汁中的淀粉充分在汤汁中分散均匀，受热平衡，从而芡汁达到糊化后均匀黏裹于原料之上。

（3）掌握好勾芡时锅中的油量

在勾芡时，锅中的油量不应过多，否则勾芡后菜肴的汤汁不易黏裹于原料之上，菜肴的汤汁也不易完全融合。

（4）准确把握好勾芡的时机

①勾芡必须在菜肴即将成熟时进行。勾芡过早，菜肴还没有成熟，继续加热，原料在锅中停留过久，粉汁就会焦化变苦，失去光泽。勾芡过晚，菜肴已经完全成熟，在等待粉汁糊化的过程中菜肴将会继续加热，势必会造成原料加热时间过长，失去原有的质感。

②勾芡必须在菜肴口味调准后进行。加调料的粉汁必须在碗内调准口味、颜色后进行勾芡；不加调料的粉汁必须待锅内的菜肴调准味道、颜色后再进行勾芡。

③勾芡必须在汤汁适量时进行。汤汁过多，勾芡后汤汁的浓稠度不够，不宜包芡。汤汁过少，勾芡后芡汁过于浓稠，容易焦化粘锅底。

[技能考核标准]

序号	考核细分项目	标准分数/分
1	熟悉各类菜肴应勾何种芡	30
2	能够熟练勾出需要的芡汁	40
3	能够掌握勾芡的操作要领	30
	合计	100

[任务考核标准]

项目	前置任务	技能	通用能力	小组互评	教师总评
分值	10	70	5	5	10

任务4　拍粉

[前置任务]

通过查阅资料，了解拍粉的原料、拍粉的作用。

[任务介绍]

拍粉是指在原料表面黏附一层干质粉粒，起保护和增香作用的一种方法。通过本任务的学

习，能够掌握拍粉的作用，并合理利用拍粉这一烹饪技法。

[任务实施]

1）任务实施地点

教室、烹饪实训室。

2）理实一体化任务实施时间分配

①理论讲解（30分钟）。

②设备、原料准备（5分钟）。

③教师示范解说（15分钟）。

④学生实训（20分钟）。

⑤评价（5分钟）。

⑥打扫卫生（5分钟）。

[任务资料单]

1）拍粉的着衣原料

拍粉的着衣原料一般有淀粉、面粉、米粉、面包糠等。成品如炸鱼条。

2）拍粉的操作要领

（1）粉料选择

粉料选择时要注意粉料的口味，一般选用咸味或无味的。如果带有甜味，油炸时会很快变焦黑，有苦味。

（2）拍粉时应该现拍现炸

在给原料拍粉时，因为粉料非常干燥，拍得过早，原料内部的水分会被粉料吸收，经高油温炸制后菜肴质地会发干发硬，失去外酥内嫩的效果，影响菜肴质量。同时，粉料吸水过多会结成块或粒，造成表面粉层不均匀，炸制后菜肴外表不美观，也不酥脆。

（3）粉料的颗粒不宜过大

在拍粉的时候粉料的颗粒不宜过大，否则加热时容易脱落。如拍面包糠时，可以先用擀面杖将其碾碎再拍，其效果更好。

[技能考核标准]

序号	考核细分项目	标准分数/分
1	熟练掌握选粉的标准	40
2	掌握拍粉菜肴的操作要领	60
	合计	100

[任务考核标准]

项目	前置任务	技能	通用能力	小组互评	教师总评
分值	10	70	5	5	10

项目7

制　汤

[项目介绍]

　　鲜汤在制作菜点中用途广泛，大多数高级菜肴和点心都需要汤来增强风味，无论是高级食材还是一般原料，都需要用高汤加以调配，味道才能鲜美。虽然现在市面上出现了许多增鲜剂，但与高汤的鲜美是有差异的，它们并不能代替高汤的作用，很多调料只能配合高汤使用才能达到更好的效果。通过本项目的学习，能够了解制汤的原理，掌握制汤的基本方法，对学习菜肴制作具有很重要的意义。

 **制汤**

[前置任务]

通过查阅资料、观看视频，了解制汤的原料、汤的种类等。

[任务介绍]

制汤，又称汤锅，是指将富含脂肪、蛋白质等可溶性原料置于多量的水中，采用中小火加热，使原料内浸出物充分溶解在水中而成为鲜汤的方法。

①通过本任务的学习，能够熟悉制汤的各类原料。

②通过学习后能够制作出清汤和白汤。

[任务实施]

1）任务实施地点

教室、烹饪实训室。

2）理实一体化任务实施时间分配

①理论讲解（40分钟）。

②设备、原料准备（5分钟）。

③教师示范解说（40分钟）。

④学生实训（60分钟）。

⑤评价（10分钟）。

⑥打扫卫生（5分钟）。

[任务资料单]

1）汤的种类

（1）按汤的色泽分

汤按色泽可分为清汤和白汤。清汤口味清醇，汤清见底。白汤口味浓厚，汤色乳白。

（2）按原料的性质分

汤按原料的性质可分为荤汤和素汤两大类。荤汤中按原料品种不同有鸡汤、鱼汤、海鲜汤等，素汤中有香菇汤等。

（3）按汤的味型分

汤按味型分为单一味和复合味。单一味汤是一种原料制作而成的汤，如鱼汤等。复合味汤是指由两种或两种以上的原料制作而成的汤，如蘑菇鸡汤等。

（4）按制汤的工艺方法分

汤按工艺方法分为单吊汤、双吊汤、三吊汤等。单吊汤是一次性制作完成的汤；双吊汤是在单吊汤的基础上进一步提纯，使汤汁变清，汤味变浓；三吊汤是在双吊汤的基础上再次提纯，形成清澈见底、汤味纯美的高级清汤。

2）制汤的方法

（1）白汤

①特点：汤呈乳白色，浓度较高，口味醇鲜。一般适合煨、煮、焖等白汁菜肴的汤汁。

②原料：一般用鸡、鸭、猪骨、猪蹄髈、猪肚、猪瘦肉等。

③制作方法：将用于制汤的原料焯水（去除血水、异味）后洗净，放入汤锅中加姜、葱、料酒、清水，先用旺火烧沸，再改用小火继续加热至汤稠色乳白即成。需要用汤时，先将原料捞出，再用纱布或汤筛过滤即可使用。

（2）清汤

①特点：汤汁清澈，口味鲜醇。一般作为贵重的汤菜和档次较高菜肴的提鲜调味。

②原料：老母鸡、老母鸭、猪排骨、带骨火腿、鸡脯肉、猪瘦肉等。

③制作方法：鸡脯肉、猪瘦肉分别用刀背捶成蓉状，装入两个碗内用清水调散。鸡蓉调散称为白蓉，猪肉蓉调散称为红蓉。

老母鸡、老母鸭、带骨火腿、猪排骨焯水后洗净，放入汤锅内，加清水、姜、葱、料酒旺火烧沸，再调至小火保持锅内微沸，熬制约6小时后将熬汤的原料捞出，鲜汤用纱布过滤后倒入另一个干净的汤锅内。

扫汤：将换汤锅后的鲜汤烧沸后加入精盐、料酒，倒入红蓉沸腾后，撇净浮沫，待红蓉凝结时用漏瓢捞出，然后照此方法倒入白蓉进行扫汤，撇净浮沫，待汤清澈味鲜后即成。

利用鸡脯蓉和猪肉蓉扫汤的目的有两个：一是使鸡脯蓉和猪肉蓉内的营养成分最大限度地溶解于汤中，使汤的鲜味更加醇厚；二是利用鸡脯蓉和猪肉蓉的吸附作用，除去微小渣滓，提高汤汁的清澈度。

（3）鱼浓汤

①特点：汤汁浓厚，呈乳白色。一般用于奶汤鲫鱼、奶汤鳜鱼，以及以鱼类为主要原料的烩制菜肴。

②原料：鲫鱼、鱼骨等。

③制作方法：先用油炙锅，再下食用油略烧，下姜、葱炸香，随即下原料略煎，倒入沸水，用中小火煮至汤汁呈乳白色即可，使用时用纱布滤去鱼骨等残渣。

3）制汤的操作要领

（1）原料的品质

原料应新鲜，鲜味物质含量丰富，但异味较重的原料不应选用。

（2）料与水的比例

制汤的最佳料水比在1：3左右。但清汤与浓汤的料水比也有一定的区别，一般清汤的比例可以大于1：3，浓汤的比例可以略小于1：3。

（3）制汤的火候

根据汤汁要求的不同，合理掌握火候。火力过大，汤汁水分蒸发过快，原料中鲜味物质不能充分浸入汤中，会使汤汁不够浓，鲜味较差。火力过小，又会减慢浸出速度，同样会影响汤汁的质量。

（4）调味品的投放顺序和数量

由于精盐是汤汁主要的调味品，若制汤时过早加入精盐，精盐就会向原料内部扩散，导致蛋白质凝固，原料中鲜味物质就难以浸出，影响汤汁的滋味，因此精盐应该在成汤以后加入调味料，姜、葱、料酒可以提前加入，但数量也应该合理把握。

[技能考核标准]

序号	考核细分项目	标准分数/分
1	掌握各类汤的区别及制作各类汤的原料	30
2	掌握各类汤的制作方法和操作要领	40
3	正确使用各种汤	30
	合计	100

[任务考核标准]

项目	前置任务	技能	通用能力	小组互评	教师总评
分值	10	70	5	5	10

项目 *8*

调味工艺

[项目介绍]

通过本项目的学习，明确什么是调味，调味的目的是什么么，掌握常见的调味方法。通过品尝教师作品，明确川菜代表性味型的呈味特点和要求。

 **调味的意义和作用**

[前置任务]

通过查阅资料，了解调味的意义和作用。

[任务介绍]

调味工艺是运用各种调味原料和有效的调制手段，使调味料之间及调味品与主配料之间相互作用，协调配合，从而赋予菜肴一种新的滋味的过程。

通过本任务的学习，了解调味的意义和作用。

[任务实施]

1）任务实施地点

教室。

2）理实一体化任务实施时间分配

①理论讲解（35分钟）。

②评价（5分钟）。

[任务资料单]

1）调味的意义

调味是达到饮食目的的主要手段，是体现菜肴口味、质量特色的关键操作技术。在调味中，应根据不同的烹调方法、不同的原料以及菜肴所需的成菜特点，采取不同的调味方法和手段，以达到去除原料的异味，增加美味的目的。

2）调味的作用

（1）确定菜肴滋味，突出菜点口味

调味原料经组合可产生不同的风味，使烹制的菜肴具有鲜明的口味特征。

（2）去除原料异味

如花椒、八角、桂皮等不仅可以增加菜肴的香味，而且可以掩盖菜肴的异味。

（3）改变菜点外观形态，增加菜点色泽

各调味品本身都具有一定色彩，可根据菜肴制作要求选择相应的调味品。

（4）增加菜点营养成分

调味原料还含有少量营养物质，有的还有利于保持和增加人体对营养物质的吸收，如酱油、醋、高汤等含有多种对人体有益的蛋白质、氨基酸及糖类，醋还可保持原料中的维生素C，并促进排骨中钙的溶解。

（5）杀菌消毒，保护营养

如在冷菜制作中，利用食盐、葱、蒜等调味品可杀死微生物中的病菌，提高食品的卫生质量。

（6）突出菜肴的地方风味

调味是构成地方风味的主要因素之一，当人们提起麻辣味、鱼香味等就会随之想起川菜。

（7）增进食欲

烹调菜肴就是要使菜肴的色泽鲜艳、美观、味型多样，以增进人们的食欲。

[技能考核标准]

序号	考核细分项目	标准分数/分
1	了解调味的意义	50
2	了解调味的作用	50
	合计	100

[任务考核标准]

项目	前置任务	技能	通用能力	小组互评	教师总评
分值	10	70	5	5	10

 # 任务2　调味的方法和时机

[前置任务]

通过查阅资料，了解调味的方法。

[任务介绍]

在菜肴的烹调过程中，调味的方法千变万化，多种多样，各有各的特色。但是不管怎样改变，都应该根据原料本身的特点、烹调方法及成菜之后达到的要求合理运用调味技术，使菜肴呈现更加完美的效果。

通过本任务的学习，了解调味的方法和时机。

[任务实施]

1）任务实施地点

教室。

2）理实一体化任务实施时间分配

①理论讲解（35分钟）。

②评价（5分钟）。

[任务资料单]

1）调味的方法

根据烹调加工中原料入味的方式不同，可以将调味方法分为腌渍、热渗、浇裹、黏撒、跟碟等。

（1）腌渍调味法

在菜肴的烹调过程中，将原料与调料拌和均匀或者将原料放入加有调味品的水中，经过一定的时间让其味道充分融入原料之内的方法。

（2）热渗调味法

在烹调菜肴的过程中，通过加热使调料中的呈味物质渗入原料中的调味方法。此法调味需要一定的加热时间，时间越长入味就越充分。

（3）浇裹调味法

将液体状态的味汁浇裹在原料之上的调味方法，如炸熘的菜肴将汁液浇裹于原料之上。

（4）黏撒调味法

将颗粒或者粉状的调味料黏附于原料之上，使其原料具有味道的一种调味方法，如椒盐茄饼的调味。

（5）跟碟调味法

将调好的味汁装入碗内和菜肴一起上桌，供用餐者蘸食的一种调味方法。在制作中，可以调制出多种味型，用餐者可以根据自己喜好蘸食自己喜欢的味道，选择灵活，如四味毛肚、双上鸡片等菜肴。

2）调味的时机

（1）原料烹调加热前的调味

烹调前的调味也称基本味，是指原料在烹制之前就赋予基本的底味，同时能够减少原料的异味、改善原料的色泽。

（2）原料烹调加热中的调味

原料加热中的调味又称定味调味。调味是在加热容器内进行的，其目的是让各种主料和调辅料的味道能够充分融合在一起，从而确定菜肴的滋味。

（3）原料烹调加热后的调味

原料烹调加热后的调味又称辅助调味，是指在前两次调味后仍然达不到菜肴的味道需求，需要再进行一次调味来弥补前两次调味的不足。

[技能考核标准]

序号	考核细分项目	标准分数/分
1	掌握调味的方法	50
2	合理把握调味的时机	50
合计		100

[任务考核标准]

项目	前置任务	技能	通用能力	小组互评	教师总评
分值	10	70	5	5	10

 **任务3** **调味的原则**

[前置任务]

通过查阅资料，了解调味的原则。

[任务介绍]

味是菜肴的灵魂，在调味时，必须掌握调味原料的性能、特点、用量、投放时间的先后顺序，以满足不同菜肴的需求。依据不同菜肴原料的质地、形态、规格、本味的不同，在调味时采用的方法也应该有所不同。

通过本任务的学习，掌握调味的原则。

[任务实施]

1）任务实施地点
教室。
2）理实一体化任务实施时间分配
①理论讲解（20分钟）。
②评价（5分钟）。

[任务资料单]

1）确定口味，准确调味
每份菜肴都有独特的味型及成菜要求，在烹制菜肴时要根据原料的性质、特点准确进行调味。

2）根据原料合理控制调味品的用量
对于不同的原料，调味品的用量和种类都要适当地选择，如本味鲜美的原料在进行烹调时就应该尽可能保持其本身的鲜味，调味品的用量应适当减少，从而避免影响原料本身的特点。对于异味稍重的原料，在调味时应适当加重调味品的投放量，用来掩盖原料本身存在的不足之处，使成菜更加美味可口。

3）合理使用各种调味品

调味品的种类多样，性质各不相同，使用时应正确选择。如老抽和生抽最大的区别在于前者焦糖含量更高，应用在热菜中菜肴的上色，后者较多用于凉菜的调味使用。

4）根据季节的变化进行调味

随着季节气候的变化，人们对于菜肴口味的要求也会改变。在炎热的时候，人们往往喜欢口味清淡、颜色清淡的菜肴。在寒冷的季节，则喜欢口味较浓厚，颜色较深的菜肴。在调味时，可以在保持风味特色的前提下，根据季节变化，灵活掌握。

5）根据不同人群的口味进行调味

人的口味受到众多因素的影响，如地理环境、饮食习惯、性别、年龄、劳动强度等。因此，要根据具体的对象、具体的情况，采用不同的调味方法。

[技能考核标准]

考核细分项目	标准分数/分
掌握调味的原则	100
合计	

[任务考核标准]

项目	前置任务	技能	通用能力	小组互评	教师总评
分值	10	70	5	5	10

 任务4 冷菜味型

[前置任务]

通过查阅资料、观看视频，了解冷菜味型及其代表菜品。

[任务介绍]

通过本任务的学习，能够了解冷菜的各种味型及代表菜品，为后期冷菜制作的学习打下基础。

①通过本任务的学习，熟悉冷菜的各种味型。

②熟悉各种冷菜味型的代表菜肴。

[任务实施]

1）任务实施地点

教室。

2）理实一体化任务实施时间分配

①理论讲解（140分钟）。

②评价（20分钟）。

[任务资料单]

常见的冷菜味型如下。

1）红油味

（1）味型特点

色泽红亮，咸鲜微甜，香辣味浓。

（2）调味品

精盐、白糖、味精、酱油、辣椒油、香油等。

（3）操作过程

①将白糖、酱油放入调味碗中搅拌溶化。

②加入精盐、味精调和成咸鲜微甜的味感，再加入辣椒油调匀，最后加入香油即成。

（4）关键点

①对于不同的原材料，酱油投放的量以及精盐和白糖的投放比例略有不同。

②调好的红油味应达到色泽红亮，咸鲜微甜，香辣味浓。

（5）代表菜肴

红油鸡块、红油耳片。

2）蒜泥味

（1）味型特点

色泽红亮，蒜味浓郁，咸鲜香辣微带甜味。

（2）调味品

精盐、味精、白糖、酱油、辣椒油、香油、蒜泥等。

（3）操作过程

①将精盐、味精、白糖放入碗内，加入酱油、辣椒油、香油调匀。

②待固体调味品溶化后加入蒜泥。

（4）关键点

①蒜泥应该现制现用，久放会使蒜的辛香味挥发，影响成味。

②蒜泥做好不立即使用时可以用香油调匀，从而避免蒜泥发生变色，影响菜肴色泽。

③在调味过程中，蒜泥应最后放入调味汁内，否则蒜泥会被酱油泡黑，使色泽受到影响。

（5）代表菜品

蒜泥黄瓜、蒜泥白肉。

3）姜汁味

（1）味型特点

咸鲜带酸，姜味浓郁，清爽可口。

（2）调味品

精盐、老姜、醋、冷鲜汤、味精、香油等。

（3）操作过程

①将老姜去皮洗净后用刀剁成细末，放入调料碗内。

②在碗内加入精盐、冷鲜汤、味精、醋、香油调匀即成。

（4）关键点

①有色调味品的用量要恰当，在成菜后呈浅茶色为宜。

②姜汁味也可以加少许辣椒油，俗称搭红，有提色、提味的作用。

③在调味过程中，应突出姜的味道。

（5）代表菜肴

姜汁菠菜、姜汁肚片。

4）椒麻味

（1）味型特点

色泽翠绿、咸鲜醇厚、椒麻辛香。

（2）调味品

精盐、味精、酱油、香葱叶、干花椒、冷鲜汤、香油等。

（3）操作过程

①将香葱叶切细，干花椒用冷水略泡，捞出与香葱叶一起用刀铡为椒麻蓉。

②将椒麻蓉放入碗中，用冷鲜汤将其调散，放入精盐、味精、酱油、香油调匀即成椒麻味汁。

（4）关键点

①在选择有色调味品时，应注意用量，以不破坏绿色为佳。

②干花椒的用量以进口微麻为度，过量使用会使人感觉口舌麻木，掩盖了其他调味品的鲜香味。

（5）代表菜肴

椒麻凤爪、椒麻心舌。

5）怪味

（1）味型特点

色泽棕红，咸甜麻辣酸香鲜各味兼具，风味独特。

（2）调味品

精盐、味精、白糖、酱油、醋、芝麻酱、花椒粉、辣椒油、熟芝麻、香油等。

（3）操作过程

①将香油放入芝麻酱内，将芝麻酱磨成酱糊状。

②在稀释好的芝麻酱内放入适量的精盐、味精、白糖，待完全溶化。

③放入酱油、醋、花椒粉、辣椒油调成清浆状即成怪味味汁，做菜时可再放上一些熟芝麻进行点缀，提高档次。

（4）关键点

因为怪味集众味于一体，各种单一味平衡又十分和谐地在味型中体现出来，所以在调味中不能偏重于某一种调味品的使用，各种调味品在投放时应该注意其比例。

（5）代表菜肴

怪味鸡丝、怪味胡豆。

6）咸鲜味

（1）味型特点

咸鲜清淡，醇厚香鲜，四季皆宜。

（2）调味品

精盐、味精、香油（此处常用盐水咸鲜为例）等。

（3）操作过程

①将经过粗加工的原料，放入调好的咸鲜味汁中蒸熟或者煮熟晾凉待用。

②将晾凉的原料经过刀工处理装盘成菜即可。

（4）关键点

①咸鲜味清淡平和，最好与其他较浓厚的味型配合使用，更加能够显现出咸鲜的特点。

②咸鲜味中的咸度可以根据季节变化来调整。

（5）代表菜肴

葱油香菇、盐水鸭。

7）酸辣味

（1）味型特点

色泽红亮，咸酸香辣，清爽可口。

（2）调味品

精盐、味精、酱油、醋、辣椒油、白糖、香油等。

（3）操作过程

①将精盐加入调料碗内，放入酱油、醋、味精、白糖充分搅拌。

②加入辣椒油、香油调匀即成酸辣味味汁。

（4）关键点

①由于单一味运用中，酸味运用应做到酸而不苦，因此醋的用量不应过多。

②酸辣味建立在咸鲜味的基础上来体现才能使整个味型更加平衡和谐。

（5）代表菜肴

酸辣荞面、酸辣凉粉。

8）麻辣味

（1）味型特点

色泽红亮，咸鲜麻辣，味浓厚醇香。

（2）调味品

精盐、味精、白糖、花椒粉、酱油、辣椒油、香油等。

（3）操作过程

①将精盐、味精、白糖放入碗内，加入酱油调至溶化。

②再加入花椒粉、辣椒油、香油即成。

（4）关键点

①控制好白糖的用量，根据菜肴需要进行使用。

②因为麻辣味型突出的是香辣和麻味，所以一定要选择质量好的辣椒油和花椒粉，以保证麻辣味的醇正。

③在酱油的使用中也要合适，不能放得太多，影响菜肴的成菜色泽。

（5）代表菜肴

麻辣土鸡、麻辣耳片。

9）鱼香味

（1）味型特点

色泽红亮，咸鲜酸甜微辣，姜葱蒜味浓。

（2）调味品

精盐、味精、白糖、酱油、辣椒油、醋、泡红辣椒、姜末、葱花、蒜蓉、香油等。

（3）操作过程

①将精盐、味精、白糖放入调料碗内用酱油、醋调至溶化。

②放入泡红辣椒、姜末、蒜蓉、辣椒油、香油调和均匀。

③再放入葱花即成鱼香味味汁。

（4）关键点

①因为泡红辣椒是酸辣味的主要来源，也是形成鱼香味的主要调味品，所以泡红辣椒在选择时一定要注意其品质。

②因为辣椒油在调味中只是辅助泡红辣椒增色和增加辣味，所以用量不能压过泡红辣椒的味感。

③在调味中，姜、葱、蒜也是构成鱼香味的主要调味品，它们之间组成的体积关系是：姜末＜蒜蓉＜葱花（1：2：3）。

（5）代表菜肴

鱼香青元。

10）麻酱味

（1）味型特点

咸鲜醇正，芝麻酱香味浓郁。

（2）调味品

精盐、酱油、白糖、味精、芝麻酱、香油、冷鲜汤等。

（3）操作过程

①先将芝麻酱用冷鲜汤调散均匀。

②再加入酱油、白糖、精盐、味精、香油调匀，即成麻酱味味汁。

（4）关键点

①味汁的浓稠度应该适当，既要黏裹于原料之上，又不能太过浓稠，否则吃了会产生腻口之感。

②麻酱味属于清淡味型，一般适合本味鲜质感脆的原料一起搭配使用。

③芝麻酱应该先逐渐稀释后才能加酱油调色，再加入其他的调味品调味。

（5）代表菜肴

麻酱凤尾。

11）糖醋味

（1）味型特点

甜酸味浓，清爽可口。

（2）调味品

精盐、酱油、白糖、醋、鲜汤、芝麻、糖色、精炼油、香油等。

（3）操作过程

①拌制菜肴过程。

A. 先将精盐、白糖用酱油充分调至溶化。

B. 再加入醋、香油调匀即成。

②炸收菜肴过程。

A. 糖醋味用于炸收菜肴，其调味过程是在加热过程中完成，首先是将要加工的原料炸制。

B. 锅内加入少量精炼油，下入炸好的原料略炒，加入鲜汤、糖色、精盐、白糖、少量醋收汁，待汁浓稠时再放入适量的醋、香油起锅装盘，撒上芝麻即成。

（4）关键点

①因为糖醋味中的酸甜味压异味的作用较小，所以糖醋味一般应和异味较小的烹饪原料一起使用。

②在酸味较重的菜肴中一般不适合使用味精。

（5）代表菜肴

糖醋排骨。

12）陈皮味

（1）味型特点

色泽棕红，麻辣鲜香，陈皮味浓，略带回甜。

（2）调味品

精盐、味精、白糖、姜、料酒、葱、干花椒、干陈皮、干辣椒、醪糟汁、糖色、鲜汤、香油、精炼油等。

（3）操作过程

①陈皮味多用于炸收菜肴中，其调味过程也在加热中完成，首先是将要加工的原料炸制。

②在锅内加入精炼油炒香干花椒、干辣椒、姜、葱，加入鲜汤再放入干陈皮、精盐、白糖、醪糟汁、糖色与原料用小火慢慢收汁入味。

③待汁将干时放入味精、香油炒匀起锅即可。

（4）关键点

①虽然陈皮味加入了干花椒和干辣椒，但是它们的用量以不能掩盖陈皮的芳香为度。

②在选择陈皮时一般选用干制品，如果使用鲜陈皮一定要注意其用量，否则成菜有苦涩味。

③陈皮味是较浓厚的味型，可以与多种动物性原料配合使用。

（5）代表菜肴

陈皮兔丁、陈皮牛肉。

13）五香味

（1）味型特点

色泽黄亮，咸鲜浓香，略带甜味。

（2）调味品

精盐、味精、白糖、姜、料酒、葱、五香料、糖色、鲜汤、香油、精炼油等。

（3）操作过程

①锅内放入精盐、五香料、白糖、糖色、料酒、鲜汤，在中小火上熬出五香味。

②将初加工好的原料放入配好的味汁中，收浓汤汁使原料入味，最后放入味精、香油调匀，起锅晾凉成菜。

（4）关键点

①五香味常用于凉菜中，以动物肉类、禽类、豆类及豆制品为原料的炸收菜肴中。

②五香料是多种香料组合而成的，在使用各种香料时要配合使用，以使各种香味平衡。

（5）代表菜肴

五香豆筋。

[技能考核标准]

序号	考核细分项目	标准分数/分
1	熟悉冷菜的各种味型	30
2	熟悉各种冷菜味型的特点	40
3	熟悉各种冷菜味型的代表菜肴	30
合计		100

[任务考核标准]

项目	前置任务	技能	通用能力	小组互评	教师总评
分值	10	70	5	5	10

任务5　热菜味型

[前置任务]

通过查阅资料、观看视频，了解热菜味型及其代表菜品。

[任务介绍]

通过本任务的学习，能够了解热菜的各种味型及代表菜品，为后期热菜制作的学习打下基础。

①通过本任务的学习，熟悉热菜的各种味型。

②熟悉各种热菜味型的代表菜肴。

[任务实施]

1）任务实施地点

教室。

2）理实一体化任务实施时间分配

①理论讲解（140分钟）。

②评价（20分钟）。

[任务资料单]

常见的热菜味型如下。

1）咸鲜味

咸鲜味是川菜中运用最为广泛的味型之一。根据成菜风格的不同，可以分为白油咸鲜和本味咸鲜。

（1）白油咸鲜味

①味型特点：咸鲜可口，清香宜人。

②调味品：精盐、胡椒粉、鲜汤、料酒、姜、葱、味精、蒜、精炼油、水淀粉等。

③操作过程：

A. 在烹调时先用精盐、料酒、姜、葱、水淀粉码芡，使主料具备基础的咸鲜味。

B. 将精盐、味精、胡椒粉、鲜汤、水淀粉兑成味汁。

C. 关键点：白油鲜味根据不同的菜肴可以再加入泡辣椒、酱油等其他调味品，但是在总体上不能改变自己的咸鲜本味。

（2）本味咸鲜味

①味型特点：咸鲜清淡，突出本味。

②调味品：精盐、味精、胡椒粉等。

③操作过程：在制作菜肴的过程中，将精盐、味精、胡椒粉充分调匀加入菜肴中即可，应该突出原料本身的鲜味。

④关键点：此味型适合本味清淡的原料，避免与异味较大的原材料配合使用。

（3）菜肴实例

白油肝片。

2）家常味

（1）味型特点

咸鲜微辣、味浓厚醇香。

（2）调味品

精盐、味精、酱油、料酒、鲜汤、姜、葱、蒜、蒜苗、郫县豆瓣或泡红辣椒等。

（3）操作过程

①炒菜类：将混合油或菜油烧至160 ℃，放入主料炒散，加入少量的精盐，炒干水汽至亮油，加入郫县豆瓣，炒香上色，放入蒜苗炒香出味，加入少量的酱油、味精起锅即成。

②烧菜类：锅中下油烧至100 ℃，下入郫县豆瓣、姜、蒜炒香上色，掺鲜汤，下入处理过的主料烧制，加精盐、酱油、料酒烧至原料熟软入味，加入味精、勾芡起锅即成。

（4）关键点

此味要突出味浓厚、醇正、咸鲜香辣。

（5）代表菜肴

家常豆腐、魔芋烧鸭。

3）糖醋味

（1）味型特点

甜酸味浓、鲜香可口。

（2）调味品

精盐、酱油、白糖、醋、葱、姜、蒜、料酒、味精、鲜汤等。

（3）操作过程

①烹调时一般先将原料码味挂糊，放入油锅内炸制外酥内嫩色金黄，起锅装盘。

②锅内放入适量的油，加入姜、葱、蒜炒出香味，掺入鲜汤，加精盐、酱油、料酒、白糖、味精，烧开后勾入流芡，加醋起锅，将调好的味汁淋在原料上即成。

（4）关键点

在味汁的调制中精盐、白糖、醋的用量应该把握准确，糖醋味必须在咸味的基础上才能体现得更加醇厚，糖醋味汁以入口先甜后酸、回味有一定的咸味为佳。

（5）代表菜肴

糖醋里脊、糖醋脆皮鱼。

4）荔枝味

（1）味型特点

甜酸鲜香，回口微咸呈荔枝味感。

（2）调味品

精盐、味精、白糖、酱油、醋、姜、葱、蒜、泡红辣椒、料酒、水淀粉、鲜汤等。

（3）操作过程

①烹调时主料码芡，将精盐、味精、白糖、醋、鲜汤、料酒、水淀粉兑成荔枝味汁。

②锅内放油码好芡的主料炒散，放辅料炒至断生，烹入荔枝味汁，收汁亮油起锅成菜。

（4）关键点

调制荔枝味的时候要与糖醋味区分开来，糖醋味进口体现甜酸，而咸味微弱，只在回味时表现出来，咸味仅是糖醋味的基本味。荔枝味进口体现甜酸味和咸味并重，在食用时甜酸味和咸味两者都要同时表现出来。

（5）代表菜肴

锅巴肉片。

5）煳辣味

（1）味型特点

咸鲜醇厚，麻辣而不燥，荔枝味突出。

（2）调味品

精盐、味精、白糖、酱油、醋、料酒、干辣椒、干花椒、姜片、蒜片、葱丁等。

（3）操作过程

①先用适量的精盐、料酒用于原料码味。

②精盐、味精、白糖、醋、酱油、料酒兑成荔枝味汁备用。

③锅内放油烧热，加入干花椒、干辣椒炒出麻辣味，然后加入原料炒散，再加入姜、葱、蒜增香，最后投入兑好的荔枝味汁，收汁亮油，起锅成菜。

（4）关键点

①调制此味时，一定要体现出煳辣味的风味特点，辣而不燥，浓厚清淡兼之，互不冲突，互不压抑。

②干辣椒、干花椒提麻辣味时，注意控制油温，防止焦煳。

（5）代表菜肴

宫保鸡丁。

6）鱼香味

（1）味型特点

色泽红亮，咸鲜酸甜微辣，姜葱蒜味浓郁。

（2）调味品

精盐、味精、白糖、酱油、醋、料酒、泡辣椒、姜、葱、蒜、水淀粉、鲜汤等。

（3）操作过程

①先用适量精盐、料酒、酱油将初加工的原料进行码味。

②将精盐、味精、白糖、醋、酱油、料酒、水淀粉、鲜汤调成味汁。

③将码好味的原料炒至断生，加入泡辣椒，姜、葱、蒜炒香，烹入鱼香味味汁，达到收汁亮油后起锅装盘成菜。

（4）关键点

①准确控制泡辣椒的炒制程度。

②调制鱼香味时掌握各种调味料的用量及加入时机。

③准确掌握上浆的干稀厚薄及芡汁中淀粉与鲜汤的比例。

（5）菜肴实例

鱼香肉丝。

7）麻辣味

（1）味型特点

麻辣味厚，咸鲜醇香。

（2）调味品

精盐、味精、酱油、辣椒粉、花椒粉、郫县豆瓣、豆豉、蒜苗、鲜汤、水淀粉等。

（3）操作过程

①豆豉剁细，辣椒粉、郫县豆瓣炒香上色。

②加入鲜汤，放入原料烧沸入味，放入酱油、味精、精盐、蒜苗提色增味。

③烹入芡汁，收汁浓味，撒上花椒粉即可。

（4）关键点

①在选择调味品时，一定要选用上品，才能体现各种味感。

②水煮系列和麻辣系列也是麻辣味型的不同类型，调味品也有所不同，要根据不同的菜肴选择不同的调味品。

③调制的麻辣味要做到咸、香、麻、辣、烫、鲜兼具。

（5）代表菜肴

麻婆豆腐、水煮肉片。

8）酸辣味

（1）味型特点

醇酸微辣，鲜美可口。

（2）调味品

精盐、味精、酱油、醋、胡椒粉、料酒、姜米、葱花、香油、化猪油、鲜汤等。

（3）操作过程

①炒锅中放入化猪油，低油温炒香姜米葱花，突出香味。

②加入鲜汤，放入原料、精盐、胡椒粉、料酒、酱油，烧沸后勾芡。

③加入味精、醋、葱花，味正后起锅盛入碗内，淋上香油即可。

（4）关键点

①此味型具有刺激作用，解腻醒酒。

②酸辣味要掌握好精盐、醋、胡椒粉的用量，在咸味的基础上体现出咸酸鲜辣、清香醇正。

③醋可以不下锅，起锅后加入汤碗内即可。

（5）代表菜肴

酸辣蹄筋汤。

9）豆瓣味

（1）味型特点

色泽红亮，咸鲜香辣，微带甜味，醇厚而不燥。

（2）调味品

精盐、味精、白糖、酱油、醋、姜、葱、蒜、料酒、鲜汤、精炼油、郫县豆瓣等。

（3）操作过程

①将郫县豆瓣剁细，炒至酥香，油呈红色，再加入姜、葱、蒜炒出香味。

②掺入鲜汤，下主料，加入精盐、料酒、白糖、酱油及少许醋，烧至入味成熟，将主料捞出装入盘中。

③将原汁收汁浓味后放入葱、味精、醋淋在原料上即成。

（4）关键点

①在调制豆瓣味时，应用低油温炒香上色，形成油色交融。

②由于姜、蒜可增香除异味，因此用量宜大。

③豆瓣味不应与荔枝味、鱼香味、家常味共同使用，这几种味型有相互抵消和压抑的作用。

（5）代表菜肴

豆瓣鱼。

10）泡椒味

（1）味型特点

色泽红亮，质地细嫩，咸鲜带辣。

（2）调味品

精盐、味精、料酒、郫县豆瓣、泡辣椒、水淀粉、酱油、鲜汤等。

（3）操作过程

①原料初加工，切配成形，进行码味处理。

②锅内放油，加入泡辣椒、郫县豆瓣炒出香味，掺入鲜汤，调味，放入原料，烧至入味，放入味精，勾芡，起锅装盘成菜。

（4）关键点

选用的泡辣椒应该色红、味正，泡辣椒是泡椒味的基础。

（5）菜肴实例

泡椒牛蛙。

11）甜香味

（1）味型特点

香甜爽口，芳香宜人，风味别具。

（2）调味品

冰糖（白糖、红糖）、香精、蜜饯、鲜果等。

（3）操作过程

根据菜肴品种的不同，可使用蜜汁拌和，也可以用糖粘、拌糖炒制等烹调方法来调制甜香味。

（4）关键点

①控制好糖的用量，如果偏少没有甜味，如果偏多食用后有发腻之感。

②各种特殊有香味的原料如桂花、香精等宜少用，并且在搭配时应该合理，以免影响菜肴风味的突出，如苹果不宜与柠檬同用，桂花不宜与香蕉同用。

③在菜肴制作中可以根据个人的喜好加入适量的鲜果、桂花、蜜饯、玫瑰等，但加入的量应该适量，不宜过多。

（5）代表菜肴

八宝锅蒸、龙眼烧白。

12）咸甜味

（1）味型特点

咸、甜、鲜、香，醇厚爽口。

（2）调味品

精盐、冰糖、糖色、料酒、姜、五香粉、葱、胡椒粉、味精、花椒、鲜汤等。

（3）操作过程

①原料洗净，放入锅内，加鲜汤烧沸，去净浮沫。

②放精盐、料酒、姜、葱、胡椒粉、花椒、五香粉、冰糖、糖色在小火上慢烧。

③烧至酥软上色时拣出姜、葱，加入味精，将原料捞出装盘，再将锅中汤汁烧至一定浓度后，淋在原料上即可。

（4）关键点

①在制作咸甜味的菜肴时原料应该先焯水再进行烹调。

②糖色的用量应该合适，以成菜后色泽红亮为佳。

（5）代表菜肴

东坡肉、红烧肉。

［技能考核标准］

序号	考核细分项目	标准分数/分
1	熟悉热菜的各种味型	30
2	熟悉各种热菜味型的特点	40
3	熟悉各种热菜味型的代表菜肴	30
合计		100

[任务考核标准]

项目	前置任务	技能	通用能力	小组互评	教师总评
分值	10	70	5	5	10

项目 9

烹调方法

[项目介绍]

  烹调方法是指经过初步加工和切配成形的原料，通过加热和调味，制成不同特色风味菜肴的操作方法。本项目将对众多的烹调方法加以归类，并对常用烹调方法的定义、代表菜品加以讲解。

热菜烹调方法

[前置任务]

通过查阅资料、观看视频，了解热菜烹调方法有哪些，各种热菜烹调方法的代表菜品有哪些。

[任务介绍]

通过本任务的学习，能够了解热菜的各种烹调方法、代表菜品，为后期热菜制作的学习打下基础。

①通过本任务的学习，熟悉热菜的各种烹调方法。

②熟悉各种热菜烹调方法的代表菜肴。

[任务实施]

1）任务实施地点

教室。

2）理实一体化任务实施时间分配

①理论讲解（140分钟）。

②评价（20分钟）。

[任务资料单]

常见的热菜烹调方法如下。

1）炒

炒是指将切配后的丁、丝、片、条、粒等小型原料，用中油量或少油量，以旺火快速烹制成的烹调方法。炒又分为滑炒、生炒、熟炒、软炒4种。滑炒的菜肴具有柔软滑嫩、紧汁亮油的特点，如宫保鸡丁、辣子鸡丁等；生炒的菜肴具有鲜香嫩脆、汁薄入味的特点，如盐煎肉；熟炒的菜肴具有见油不见汁、质地柔韧、口味咸鲜爽口、醇香浓厚的特点，如回锅肉；软炒的菜肴具有形似半凝固或软固体、细嫩软滑或酥香油润的特点，如雪花桃泥。

2）爆

爆是指将原料剞成花形，先经沸水稍烫或用热油氽炸后烹制，或直接在旺火热油中快速烹制成菜的烹调方法。成菜后具有形态美观、嫩脆清爽、紧汁亮油、味道清淡（以咸鲜为主）的特点。适合爆的原料多为具有韧性和脆性的猪腰、肚仁、鱿鱼、墨鱼、牛羊肉、猪瘦肉等，如火爆腰花、火爆鱿鱼、火爆双脆等。

3）熘

熘是指将切配后的丝、丁、片、块等小型、整形原料（多为鱼虾禽肉），经油滑，或油炸，或蒸、煮的方法加热成熟，再用芡汁裹或浇淋成菜的烹调方法。熘分为鲜熘和炸熘。鲜熘

的菜品具有明汁亮油、滑嫩鲜香、清淡醇厚的特点，如鲜熘鸡丝。炸熘的菜品具有色泽金黄、油亮艳丽，质感外焦香酥脆、里鲜嫩可口的特点，如糖醋脆皮鱼等。

4）干煸

干煸是指将切配好后的原料，以小油量，中火或旺火热油，入锅不断翻拨，至见油不见水汁时，加调辅料继续煸至干香，使之滋润成菜的烹调方法。成菜后色泽多为深红色，口味以咸鲜为主，略带麻辣，干香酥脆，不带汤汁，如干煸四季豆、干煸牛肉丝等。

5）烧

烧是指将经切配加工熟处理（炸、煎、煸、煮）的原料，加适量的汤汁和调味品，先用旺火烧沸，再用中火或小火烧透至浓稠入味成菜的烹调方法。烧可分为红烧、白烧、干烧、酱烧、葱烧、家常烧（辣烧）。不同的烧制方法成菜后具有不同的特点。如红烧具有色泽红亮、鲜香味厚、汁浓适口、质地细嫩熟软的特点；干烧具有油汁明亮，不呈现汤汁，口味浓郁的特点；白烧具有芡汁色白素雅、醇厚味鲜、质感鲜嫩的特点；酱烧具有色泽酱红、味咸甜适口、酱香味浓郁的特点；葱烧具有亮汁亮油、颜色清爽、有浓郁的葱香味的特点；家常烧具有色泽红亮、原料软嫩、鲜香可口、微辣的特点。

6）蒸

蒸是指经加工切配，调味装盛的原料，利用蒸汽加热使之成熟或软熟入味成菜的烹调。蒸可分为清蒸、旱蒸、粉蒸。清蒸菜肴具有汤清汁宽，质地细嫩或软熟，咸鲜醇厚，清淡爽口的特点，如清蒸鲈鱼、虫草鸭子等。旱蒸菜肴具有形态完整、原汁原味、鲜嫩或熟软的特点，如旱蒸鸭、旱蒸脑花鱼等。粉蒸菜肴具有色泽金红或黄亮油润、软糯滋润、淳浓香鲜、油而不腻的特点，如粉蒸肉、荷叶粉蒸鸡。

7）煮

煮是指将原料或经初步熟处理的半成品，切配后放入多量的汤中，先用旺火烧沸，再用中火或小火烧熟调味成菜的烹调方法。成菜后具有汤菜各半、汤汁较浓、清爽利口的特点。鱼、猪肉、豆制品、蔬菜等原料都适合煮制菜肴，如丸子汤等。

8）炖

炖是指经加工处理的大块或整形原料，放入炖锅或其他陶瓷器皿中加足热水和调味品，用小火加热至酥烂入味的烹调方法。成菜后主料香鲜味醇，酥烂入味，汤汁鲜美可口。适合炖菜的原料以鸡、鸭、牛肉、猪肉等为主，如天麻炖乳鸽、香菇炖鸡等。

9）烩

烩是指将多种易熟或初步处理的小型原料一起放入锅内，加入鲜汤，调味品用中火加热烧沸出味，勾芡成汁的烹调方法。成菜后具有用料多样、汁宽芡厚、色泽鲜艳、菜汁合一、滑腻爽口、清淡鲜香的特点，如三鲜鱿鱼。

10）煨

煨是指经炸、煸、炒、焯水等初步热处理的原料，掺入汤汁，用旺火烧沸，去浮沫，放入调味品加盖用微火长时间加热至酥烂而成菜的烹调方法。适合煨菜的原料以鸡、鸭、鹅、猪肉、龟、鳖、牛肉为主，成菜后主料软糯酥烂，汤汁多而浓，口味香鲜醇厚，如红枣煨肘等。

11）贴

贴是指将几种刀工成形的原料进行码味后，黏合在一起，呈饼或厚片状，放在锅中煎熟，使贴锅的一面酥脆，另一面软嫩的烹调方法。贴法具有色形美观，菜肴底面油润酥香，表面鲜香细嫩的特点，适用于鸡、鱼、虾、猪肉、豆腐等原料，如锅贴鱼片等。

12）烘

烘主要用于各种蛋品烹制的菜肴，将鸡蛋调好的浆汁放入适量的油锅中加上锅盖，先中火后小火使之松泡、成熟的烹调方法。成菜后色泽美观、皮酥香、质地松泡，如椿芽烘蛋、泸州烘蛋。

13）拔丝

拔丝是指经油炸的半成品，放入由白糖熬制能起丝的糖液内黏裹挂糖成菜的烹调方法。成菜后具有色泽金黄、糖丝多而长、外壳脆而甜、主料清香可口的特点，如拔丝香蕉等。

14）炸

炸是指将初加工处理的原料放入大油量的油锅中进行加热，使成品达到或焦脆或软嫩或酥香等不同质感的烹调方法。炸可分为清炸、软炸、酥炸、浸炸、油淋等。将主料炸制成熟后一般随带辅助调味品上桌（如番茄沙司、椒盐、辣椒油等），如炸酥肉、酥炸小鱼等。

15）蜜汁

蜜汁是指白糖、蜂蜜与清水溶化收浓，放入加工处理的原料，经熬或蒸制，使之甜味渗透、质地酥糯，再收浓糖成菜的烹调方法。蜜汁适用于香蕉、白薯、火腿、桃、莲米、苹果、南瓜等，如蜜汁南瓜等。

[技能考核标准]

序号	考核细分项目	标准分数/分
1	熟悉热菜的各种烹调方法	30
2	熟悉各种热菜烹调方法的成菜特点	40
3	熟悉每种热菜烹调方法的代表菜品	30
	合计	100

[任务考核标准]

项目	前置任务	技能	通用能力	小组互评	教师总评
分值	10	70	5	5	10

 任务2 冷菜烹调方法

[前置任务]

通过查阅资料、观看视频，了解冷菜烹调方法有哪些，各种冷菜烹调方法的代表菜品有哪些。

[任务介绍]

通过本任务的学习，能够了解冷菜的各种烹调方法、代表菜品，为后期冷菜制作的学习打下基础。

①通过本任务的学习，熟悉冷菜的各种烹调方法。

②熟悉各种冷菜烹调方法的代表菜肴。

[任务实施]

1）任务实施地点

教室。

2）理实一体化任务实施时间分配

①理论讲解（140分钟）。

②评价（20分钟）。

[任务资料单]

冷菜烹调方法如下。

1）冷炝

冷炝是指将具有较强挥发性物质的调味品，趁热直接加入经焯水、过油或鲜活的细嫩原料中，静置片刻使之入味成菜的烹调方法。在加热方式上，动物性原料以使用上浆滑油的方法为主，植物性原料一般采用焯水，在调料的选择上一般以具有挥发性物质的调料为主。成菜后具有色泽鲜艳、油滑明亮、脆嫩爽口、鲜香入味、风味独特的特点，如冷炝黄瓜条等。

2）拌

拌是冷菜常用的烹调方法之一，是将生料或晾冷的熟料加工成小型的丝、丁、片、条等形状，再加入所需的调味品，调制成菜的烹调方法。成菜后具有味型多样、用料广泛、质感多样的特点。拌菜按其操作方法，成菜形式分为拌味汁、淋味汁、蘸味汁3种，代表成品有蒜泥白肉、麻辣鸡块、夫妻肺片等。

3）炸收

炸收是指将原料刀工处理后码味经油炸脱去原料部分水分，入锅掺汤，加入调味品，用中火或小火加热，使味渗透，收汁亮油，干香滋润的烹调方法，适用于鸡、鸭、鱼、猪肉、牛肉、猪排等，如糖醋排骨、花椒鸡丁、陈皮牛肉等。

4）卤

卤是指将大块或整形的原料，经初步加工，初步熟处理后放入卤汁内煮至成熟入味的烹调方法。卤菜按其色泽分为红卤、白卤两种，红卤的卤汁加糖色等有色调味品，成菜色泽红亮如卤猪肉、卤猪蹄、卤鸭等，白卤的卤汁中不加糖色等调味品，成菜保持原料本色，如卤牛肉、白卤鸡等。

5）泡

泡是指将原料加工处理后，放入盛有特制溶液的水坛中，经过乳酸发酵（有的不经过发酵）泡制入味的方法。泡菜从口味上大致分为四个类型，即传统的盐水泡菜、咸甜泡菜、酸甜泡菜以及近几年流行的泡椒汁泡菜，具有代表性的泡制菜肴泡豇豆、泡辣椒、泡仔姜、山椒凤

爪、山椒贡菜等。成菜后具有质地脆嫩、咸鲜微酸或咸酸辣甜、清爽适口的特点。

6）渍

渍又称激，是指将炒熟的原料趁热放入用盐、糖、醋等调制好的调味汁中，加盖盖严，使之吸入味汁，膨胀入味的烹调方法。常见菜品如藿香渍胡豆、糖醋豌豆、五香黄豆等。成菜后原料软绵、回味悠长、甜酸适口。

7）挂霜

挂霜是指将经初步熟处理的半成品，黏裹一层主要由白糖熬制成糖液冷却成的霜或撒上一层糖粉成菜的烹调方法。成菜后色泽洁白，甜香酥脆。挂霜一般适用于调制成甜味的烹饪原料，特别是一些干果原料如腰果、花生仁、核桃仁等。

8）冻

冻是指选用富含胶质的原料，经较长时间的熬制，使其充分溶化，冷却凝结或与其他烹饪原料一起凝结成菜的烹调方法。成菜后晶莹透明，色泽淡雅，柔嫩滑爽。富含胶质的原料有猪皮、猪蹄、琼脂、食用明胶等。冻可以按菜肴口味要求，制成咸味冻和甜味冻两种，如水晶花仁、水晶鸭方、桂花冻、龙眼果冻等。

9）烤

烤是指将烹调原料腌渍入味后，利用柴、炭、煤、天然气、电等的热量，使原料成熟的一种烹调方法。一般分为清烤、挂浆烤、网油烤、泥烤、面烤、竹筒烤、暗炉烤、明炉烤等。成菜后具有色泽美观、形态大方、香味醇厚、皮酥肉嫩的特点，如烤鱼、烤脑花等。

10）糟醉

糟醉是指将原料加工成较小的片、块、条，放入用香糟或醪糟汁，再加入其他调味品制成的糟味汁中，腌渍入味或蒸制成菜的一种烹调方法。成菜后糟香味浓，色泽淡雅，口味清鲜，如糟醉冬笋、糟醉鱼条、醉鸡等。

[技能考核标准]

序号	考核细分项目	标准分数/分
1	熟悉冷菜的各种烹调方法	30
2	熟悉各种冷菜烹调方法的成菜特点	40
3	熟悉每种冷菜烹调方法的代表菜品	30
	合计	100

[任务考核标准]

项目	前置任务	技能	通用能力	小组互评	教师总评
分值	10	70	5	5	10

项目 10

配　菜

[项目介绍]

　　本项目的主要内容为配菜在烹调中的作用，熟悉菜肴命名的方法和基本要求，通过本项目的学习，掌握配菜的原则、配菜的方法和配菜的基本要求。

[前置任务]

通过查找资料、搜索相关视频，了解什么是配菜，配菜的方法有哪些。

[任务介绍]

通过本项目的学习，了解配菜在烹调中的作用及饮食成本的构成，熟悉菜肴命名的方法和基本要求，掌握配菜的原则、配菜的方法、配菜的基本要求，达到合理配菜、营养配菜的目的，并能熟悉进行单只菜肴的成本核算。

[任务实施]

1）任务实施地点

教室、烹饪实训室。

2）理实一体化任务实施时间分配

①理论讲解（40分钟）。

②设备、原料准备（5分钟）。

③教师示范解说（40分钟）。

④学生实训（65分钟）。

⑤评价（5分钟）。

⑥打扫卫生（5分钟）。

[任务资料单]

1）配菜的作用

配菜又称配料，是根据菜肴的质量要求，把各种加工成形的原料加以配合，使其可以烹制出一份完整的菜肴的过程。

配菜人员既要熟悉各种烹调方法，又要懂得各种原料的性质、用途，以及时令变化对菜肴组成的影响，同时还要懂得菜品的成本核算，在保证菜肴的质量基础上，利用各种烹饪原料进行配菜，它是介于刀工和烹制之间的一道重要工序。通常在餐饮行业，配菜附属于"墩子"这一工种，俗称"切配"。配菜有以下作用。

（1）确定菜肴的质与量

菜肴的质是由组成该菜肴原料品质特征决定的，在配菜过程中，原料是直接影响菜肴质的高低的重要因素，选择什么质地的原料来配制，决定了菜肴质地的高低。

量是指组成菜肴的原料数量的多少，在配菜中，常以重量和体积来衡量，原料经刀工处理后，按照菜肴的要求，将各种原料的数量进行配合，从而确定了单个菜肴的量。

（2）确定菜肴的色、香、味、形

原料的形态依靠刀工来确定，但成菜的形态却由配菜来确定，除了刀工和加工手法的变化以及烹调方式的不同运用，可使菜肴多样化外，还可通过配菜把各种形态的原料进行组合，使其各自本身的色香味质相互融合补充，充分体现整份菜肴的色、香、味、形。

（3）确定菜肴的营养价值

各种烹饪原料营养成分的含量不尽相同，通过配菜使菜肴营养成分得到合理、全面的互补，可使组成的菜肴的营养成分更加适合人体的需要，从而提高菜肴的营养价值。

（4）确定菜肴多样化的因素

烹饪原料的广泛使用，是形成菜肴多样化的重要因素，将不同的原料合理地配合，可变化出花样繁多的菜肴。

（5）确定菜肴成本

配菜的质量涉及用料的档次高低，用量的多少，直接关系到成本，配合不当不仅影响成菜质量，而且往往损害消费者利益进而影响企业自身利益，因此，配菜是控制菜肴成本，关系餐饮企业生存发展的重要环节。

2）配菜的基本要求

（1）掌握原料的情况

不同菜肴由不同原料配合而成。要求配菜人员随时了解市场供应的最新动向，以及本单位的库存备料情况，以便确定本餐厅目前可以供应的菜品并保证其用料，或者及时提供采购意见，尽量选用当令、质优、价格合理的原料，缩短原料在厨房的存放时间，减少积压，降低成本。

（2）熟悉烹饪原料及其各部位的特征

选料是否恰当，是菜肴制作成功的关键环节。在我国的各大菜系中，大多都把选料精细、用料广泛作为菜肴制作的基本要求，烹饪原料的品种繁多、各有特色，烹调中应取长补短，使各种原料互助互补，才能烹制出色、香、味、形俱佳的菜肴，因此，配菜时首先必须熟悉菜肴的名称、制作特点，其次应该了解构成菜肴原料的性能、用途及各部位的特征。

（3）把握菜肴质量标准及成本核算

进行配菜时首先必须要熟悉本餐厅供应菜品要求达到的质量标准，了解所用原料从毛料到净料的损耗率，以及每个菜肴的主料、辅料、调料的质量标准、数量标准和成本，从而才能严格按照相关部门规定的菜品毛利率给菜肴定价。

（4）顺应市场，推陈出新

在配制好本餐厅传统的定型菜品外，还应随时根据市场变化，凭借配菜人员自身对原料特点、刀工技艺和烹调方法的了解，不断加强自身专业素质的提高，随时根据消费者的需求，不断推陈出新，创制出新品种。

（5）注意原料的清洁卫生

原料来源广泛，有生料、有半成品原料甚至成品，各种原料必须通过初加工，以防止有腐败、变质和受污染的原料进入切配环节，配菜是菜肴卫生质量把关的最后环节。

（6）注重民族饮食习惯

我国是多民族国家，各民族在长期的历史发展过程中，形成了不同的饮食习惯，各个国家也都有不同的饮食习俗，作为配菜人员，在配菜过程中要充分了解客人的饮食习惯，从而提供给客人能够接受并喜爱的菜品。

3）配菜的方法

（1）量的配合

菜肴数量的配合，是指构成菜肴的各种原料，按照制订好的数量、比例，在配菜时进行配合。

根据主料与辅料的配合情况可分为以下三大类。

①单一原料：菜肴只由一种原料构成。因为这种菜肴的原料只有一种，所以一般按定量配制即可，如红烧肉、豆瓣鱼、炝黄瓜等。

②主辅料构成菜肴：菜肴由一种主料加上一种或几种辅料构成，配制这类菜肴时，要突出主料，主料的数量通常多于辅料，辅料则起衬托作用，居次要地位，如魔芋烧鸭、青椒肉丝、三鲜鱿鱼等。

③主、辅料不分的菜肴：由两种或两种以上原料组合而成的菜肴，配制时各种原料数量均等，以达到相辅相成，而不应互相掩盖，各种原料在刀工处理上也要力求大体一致，如红烧什锦等。

（2）质的配合

组成菜肴的原料品种繁多，即使同一品种的原料，由于生长的环境及时间长短不同，性质也不尽相同，因此它们的质地常有绵、硬、软、脆、嫩、老、韧之分，配菜时必须根据原料的质地，进行合理搭配，使其尽可能符合烹调要求。在由主辅料组成的菜肴中，大多数情况下，常以性质相近的原料相配合，即一般遵循脆配脆、软配软、嫩配嫩的原则。

例如，脆配脆的代表菜肴鸡胗与猪肚头配成火爆双脆，以嫩配嫩为典型的鲜熘鱼片等都是把两种质地相近的原料配在一起。当然，并非每个菜都遵循这一原则，有些菜肴原料的质地不同，有些质地相差甚远，通过适当的配合，也可烹制出具有特色的菜肴，如火爆嫩脆、银芽鸡丝、辣子鸡丁等。

（3）形的配合

原料形的搭配，即菜肴主料、配料的形状搭配，有同形搭配和异形搭配两种。

①主、辅料的同形搭配：同形搭配的主料、辅料的形态、大小、规格相同或相似，如辣子肉丁、青笋肉片、萝卜烧牛腩等，均是丁配丁、片配片、块配块的同形搭配。

②主、辅料的异形搭配：异形搭配的主料、辅料形状不同、大小不一。如粉蒸肉的主料切成片，配料为块状的植物性原料，异形搭配以配合协调、和谐、美观为标准。

（4）色的配合

菜肴的色泽搭配，就是在同一菜品中，主辅料的色泽搭配协调美观，通过配料衬托、突出主料。

①顺色搭配：顺色搭配是指将主料与辅料都配成同一颜色或近似颜色，如白与淡黄、红与橙、黄与绿等，配出来的色彩总体感觉协调一致。

②岔色搭配：岔色搭配又称花色配，这种配料的方法运用最为广泛，就是将主、辅料或几种主料配成不同的颜色，主料与配料色泽差异较大，以配料突出主料，使之相得益彰，主料与配料层次分明，如黑与白、红与绿、黄与紫等。

（5）营养成分的配合

菜肴所含的营养成分，是衡量菜肴质量价值的重要标准。尽可能使食者从烹制的菜肴中摄取更多、更全面的营养，是烹调的目的之一。营养成分的配合，就是在掌握熟悉各种原料所含营养素的基础上，力求营养成分达到相互补充，尽量使菜肴营养素含量全面、丰富。营养的配合，主要是通过配菜来达到的，如将肉类原料和蔬菜原料相配合，肉类原料富含蛋白质、脂

肪，而蔬菜原料富含维生素，如胡萝卜烧牛肉、鱼头豆腐汤等，弥补了两者各自营养成分的含量不足，达到互补，提高了菜肴的营养价值。

（6）盛器的配合

一份精美的菜肴在色、香、味、形俱佳的情况下，离不开盛器与菜肴的有机统一，菜肴对盛器的选择是烹调过程中需要掌握的内容之一。

盛器样式，要与菜品的造型相协调，一般炒、爆、熘类菜肴选用条盘盛装，全鱼采用鱼盘，烧、烩类菜肴选用汤盘，汤菜用汤碗、汤盅。此外，盛器的色彩要与菜肴的色泽相吻合，使盛器对菜肴能起到衬托作用，如单一色调的菜选用带花边的盛器，而花色菜可选用白色盛器或与花色菜相协调的花边盛器，这样能相互映衬；宴席宜使用整套餐具，高档的宴席菜肴，需配精美的餐具，以适应和烘托气氛。

4）菜肴命名的方法和要求

（1）菜肴命名的方法

菜肴的名称，直接影响客人对菜品的选择，菜肴命名的方法主要有以下几种。

①以烹调方法和主料名称命名：这种命名方法最为普遍，使人容易直观了解菜肴的全貌和特点，从菜肴的名称上看，既能反映出主料，又能体现出烹调方法，如红烧肉、清蒸鳜鱼、清炖全鸡等。

②以调味品或菜肴味型和主料命名：这种命名方法较为常见，其特点是从菜名能够反映出菜肴的味型或使用的主要调料，从而了解菜肴的口味特点，如辣子鸡、糖醋排骨、孜然牛肉等。

③以辅料和主料命名：这种命名方法突出了菜肴的辅料和主料，一般都是在主料前冠以辅料，如银杏鸡、酸菜鱼、虫草鸭子、凉粉鸡片等。

④以菜肴的色泽、形状命名：这种命名方法便于突出菜肴成品的外观特色，如雪花鸡淖、翡翠虾仁、芙蓉鸡片、珊瑚萝卜卷、菊花鱼等。

⑤以地点、人名命名：传统菜肴中很多是以人名、地名来命名的，顾客能通过菜名了解到菜肴的起源或人文背景，非常具有饮食文化特色，如泸州烘蛋、宫保鸡丁、麻婆豆腐等。

⑥主料前冠以烹制器皿的种类：这种命名方法能清楚地反映出烹制及盛装菜肴的器皿和主要的原料品种，如钵钵鸡、坛子肉、砂锅鱼头等。

（2）菜肴命名的要求

对一个菜肴恰如其分的命名，是体现餐饮从业人员文化素质和专业技能的一个重要标志，菜肴命名的方法有很多，但对一个菜肴进行命名时，应遵循相应的原则。

①命名确切、真实，符合菜肴的特点。确切、真实，指菜肴的用料、烹调方法、口味特点等要与菜名相符，不应在菜名上故弄玄虚、哗众取宠，因此，命名时应使客人看到菜名，就能了解到菜肴的大概特征。

②通俗易懂、雅俗共赏。菜名要具有一定的艺术性，菜名的艺术性主要体现在雅致顺口、充满情趣、想象丰富和富有饮食文化内涵。

[技能考核标准]

序号	考核细分项目	标准分数/分
1	了解配菜的作用	30
2	掌握配菜的原则、配菜的方法、配菜的基本要求	40
3	熟悉菜肴命名的方法和基本要求	30
	合计	100

[任务考核标准]

项目	前置任务	技能	通用能力	小组互评	教师总评
分值	10	70	5	5	10

References 参考文献

[1] 马素繁.川菜烹调技术.上册[M].4版.成都：四川教育出版社，2007.

[2] 贾晋.烹饪原料加工技术[M].3版.北京：中国劳动社会保障出版社，2015.

[3] 赵品洁，唐博，刘源.刀工技术[M].成都：四川科学技术出版社，2015.

[4] 巫炬华，邓宇兵，沈为林.现代粤菜烹调技术[M].2版.北京：机械工业出版社，2012.

[5] 张仁东，许磊.烹饪工艺学[M].重庆：重庆大学出版社，2020.